渡邊康博
Yasuhiro Watanabe
蘇文淑——譯

日本料理はなぜ世界でいちばんなのか

# 板場的志氣

## 日本料理大師的
## 熱血職人修煉與料理思考

# 目錄——

## 第二章 磨練你的「生存武器」

## 第三章　將「憧憬」與「夢想」轉換為「目標」

## 第四章　支撐我的「吉兆」料理哲學

## 第五章　從板前到經營者的意外之路

## 後記　讓正統的日本料理重新復活

前言

# 「我要成為一流料理人！」

## ✿誰毀了日本料理？

我這輩子，長年以來一直是「板場」。很多人可能都聽過「板場」這稱呼，但不太知道它到底是什麼意思。

這世上有兩種「料理人」，一種是「板前」（板為砧板，因站在砧板前，故稱「板前」），一種是「廚師」。

「板前」是跟著師傅學藝的人，「廚師」則是從廚藝學校之類地方畢業，拿到國家認可資格的人。

料理人這門職業，是以所學技術與所累積的歷練為基礎，去磨練出品味，藉此展現出食材優點，提供美食。從這方面來看，板前與廚師是一樣的，可是實際上，會繼續往料理之道鑽研前進的往往是板前，很少有廚師會繼續求精進。

**板前裡還有所謂的「板場」，現在很多人都把板前與板場混為一談，但我覺得板場是板前中更認真求道的人。**

日本料理的世界，是由許許多多的板場將傳統與禮儀作法承襲下來，並且不斷追求更卓越美味所成就出的世界。近來婚喪喜慶等場合上雖然愈來愈常採納西方菜色，但日本傳統習慣中，所有「重要時刻」一定是以日本料理為主。只是如今，日本料理的傳統與文化正從根瓦解中。

我的主場在福岡，但為了要更切身感受，與用自己的舌頭品嚐日本料理的傳統與文化，我會定期到全國各地進行美食之旅。然而不管去到哪裡，我都發現各地沿襲傳統滋味的店舗正快速消失中。

原因很簡單，現在是個「飲食多樣化」的時代，特別是在大都市，用合理價格就可以吃到各式各樣的餐食，於是人人以「便宜」為第一考量，結果造成正統日本料理店門可羅雀。

但「飲食」是人的根基，從營養學觀點來看，要吃「好」東西才能活得健康長壽。想要健健康康「呷百二」，飲食就要儘量攝取以良好食材烹煮的餐點。

「飲食」也是文化根基。日本人長久愛惜的獨有文化便濃縮在日本料理中，包括四季流轉、花鳥風月、侘寂等日本人獨特的感性，一部分便是由日本料理所發展培養出來。

可是如今，重視這些傳統與禮儀作法的日本料理店卻幾乎被搞垮了，市面上放眼望去，到處都是連鎖餐飲店。可能是這些連鎖店滿足了社會大眾的需求，才會迅速成長，可是大家應該也有想要「享受精緻外食樂趣與美味」的時候吧？

如果只是想填飽肚子，去連鎖店當然沒問題，但遇到特別的日子時，預算應該稍微多一點也沒關係吧？或是需要請關照過自己的人吃飯，這時到連鎖餐飲店或居酒屋，難道不會讓雙方都太委屈了嗎？

日本的餐飲界怎麼會變得如此落魄呢？

這都是其他業界的人跑來外食產業亂攪和的結果。我並不怕被人攻擊，我覺得，就是因為其他行業的人覺得餐飲這一行「好像可以快速撈錢」，於是進來亂搞，毀了日本的餐飲面貌。

我曾經在日本首屈一指的料亭「吉兆」待過，目前於福岡經營日本料理店，旗下有兩條路線，「海峯魯」走高級路線、另一條則是走大眾路線的「海山邸」。看到日本料理界的現況，讓我不禁覺得自己應該想點辦法，找回日本料理界的活力。

## 力挺要當傑出料理人的人

二〇一三年，「和食」被登錄為聯合國世界文化遺產。稍後我會再說明「和食」與日本料理的差別。至於被登錄為世界文化遺產這件事，是部分對日本料理未來抱持危機感的京都料理界大人物在背後推動的結果。

可惜的是，事情到此就結束了，並沒有新的進展。日本料理界因而停止衰退、業界因而出現新氣象的現象都沒有發生。究其原因，都是因為該以中堅份子起身而行的我們這個世代的人，並沒做出具體行動。

日本料理界現在並沒有足以稱為明星廚師的人。當年電視節目「料理鐵人」正當紅時，明星廚師宛如耀眼星星似的紛紛嶄露頭角，為什麼現在沒有呢？說得武斷一點，我認為都是因為這行的待遇糟到被人揶揄是黑心行業，導致年輕人根本不想踏入。我不敢說料理人的待遇可以媲美美國大聯盟的明星球員，可是如果認真一點就可以獲得比一般生意人更豐裕的生活，年輕人一定會對這行業抱持憧憬。

目前料理界正苦於人手嚴重不足的困境，因為工時過長的情況愈來愈嚴重、工作環境不好，收入方面也絕對不算優渥，尤其是日本料理界沿襲至今的師徒制也著實令人反感。

可是料理人原本就不是活在「朝九晚五」的世界裡。這一行感覺好像跟「勞動改革」的理念背道而馳，因為這一行本來就是個你得去習慣一切的世界。想要成為出色的料理人，一定要自己拚命去學，絕不能受限於勞動時間。

而經營者方面，因為沒有餘裕，也會利用料理人的這種意識，透過一些小手段，如加點少得可憐的時薪跟給點休假，得混且混，同時把經營不善的責任丟給大環境不景氣，自己不思從頭解決問題。這就像自己掐住自己脖子，永遠不可能從根本解決困境。這就是現況。

這種情形，讓從板場出身、現為經營者的我決定挺身而出，希望能拋磚引玉。我希望根除瀰漫在現今日本料理界的弊習、支援想成為傑出料理人的人才。如果能找回日本料理界的活力，一定會打造出更多讓大眾在「特別的日子」想上門光顧的店。

## 這一行靠實力輸贏

因為沒錢，我碰過很多鳥事，也經歷過一些辛酸，不過那些不算什麼。真的讓我吞忍不下的是業外人士進軍餐飲業，把一些名門日本料理店搞得一家家關門的現實。傳統的日本料理界，居然被這些外食產業的新生糟蹋得烏煙瘴氣。

所以我懷著不切實際的夢想，想要籌夠資金，用金錢來打敗那些以金錢之力亂入這一行的人，也就是「對錢報仇」，我也想要振興日本料理界……。我也希望能讓「板場」成為一個讓人憧憬的行業——只要肯努力，靠一把廚刀走天下，也能賺得比一般生意人還多。

職棒選手、足球選手、藝人的高報酬對他們來講，是一種自我價值的證明，也是努力的動力來源。當然不是說錢可以代表一切，可是我想讓年輕人知道，只要他們肯努力，成為知名料理人，便可以過著讓人豔羨的生活。我想讓他們對成為料理人這件事懷有夢想。

料理人這一行本來就是有「志」者事竟成的天下，就算沒本錢、沒人脈、沒學歷也沒關係。**料理人靠的是實力，需要的是「決心」與「志氣」。有了這幾樣，就有可能敲開成功的大門。是成、是敗，全看自己。**

但不知道從什麼時候起，這樣的環境消失了，所以我想要讓日本料理界起死回生，讓在這行業裡打拚的人擁有「夢想」。這就是我的戰鬥宣言。

我既不喝酒、不賭博，也不開車，有錢也不曉得該怎麼花，所以我想按照自己的願望，把錢花在當花之處。或許不會馬上看到成果，可是不這麼做，世界不會變好。我要在這上頭博輸贏。

有些人可能覺得這是「漂亮話」。可是我曾經在全日本各地廚房歷練過，也對自己的性格有所了解，更清楚日本料理的世界。從一個板前變成一個經營者，一路走來有不少故事，這也是我想提筆寫下本書的動機。

## 永遠追夢！

寫這本書其實還有另一個目的，就是希望跟從現在起想成為一流料理人的人、現在雖然受僱於人，但將來希望能擁有自己城堡的人，一起思考如何才能「圓夢」？要讓日本料理復活，必須有更多人一起努力，因此讀完這本書的讀者如果能多少認同我的想法，寫這本書就有意義了。

自從進入板場這一行，我一心只想探究料理的天地，悶著頭苦學歷練，等我一回神，居然已經當上社長。我並非特別有才能，經濟上也沒什麼靠山，只是全心想著要當上一流料理人，一路走過來。

這一路往上爬並不順遂，也經歷過許多失敗與挫折，嘗到辛酸的滋味，甚至還曾經覺得再也熬不下去了而從廚房逃跑。可是每一次，我都會問我自己，「你到底想要什麼？」「我還是想成為一流料理人」，我這麼告訴自己，於是又重新苦學磨練。經歷這許多波折磨難後，才有了今天的我。

很幸運的是，身邊「環境的力量」給了我許多支撐。以我的恩師為首，許多我所敬重的人早已打造出一個可以讓人生存下去的環境，所以我才能一路磨練到今天。因此要如何得到周圍的幫助，也是本書的主題之一。

可是在社會上，並不是每個人都有好環境，也有很多人沒機會遇見好師傅，像這種情況，只能從其他方向去尋找「切入目標的好方法」。

想學習時，文字是一個人最好的朋友。我年輕時，求知若渴，買了很多「吉兆」這間我心神嚮往的料亭的相關書籍，帶給我很大激勵。每次一讀，就痛感自己的不足，非常渴望能早一點到達那個層級，也讓這樣的心情成為自己奮發的動力。因此我很感謝書。那時那麼少的薪水要買一大堆昂貴的書並不容易，可是那些書的確有其價值，至今我仍然很珍惜，心裡有迷惘時就會拿出來讀。

這本書也許還達不到那個層次，也沒辦法跟有系統編纂的好書相提並論。可是「一個沒錢沒才的普通人也能打拚到今天這個程度！」這樣一個小市民的親身體驗，難道不會帶給更多人啟發嗎？

**人人都有夢想。既然懷抱夢想，就去實現它。我所走過的路，不過只是眾多可行之路中的一條，但這一條路，非但料理人可以走，其他行業的人也**

**可以走，我有這樣的自信。**

線索就請從書中尋找吧。如果書中有任何一丁點的內容能成為你人生的糧食，我就再開懷不過了。

第一章

# 板場這行靠「俠義」

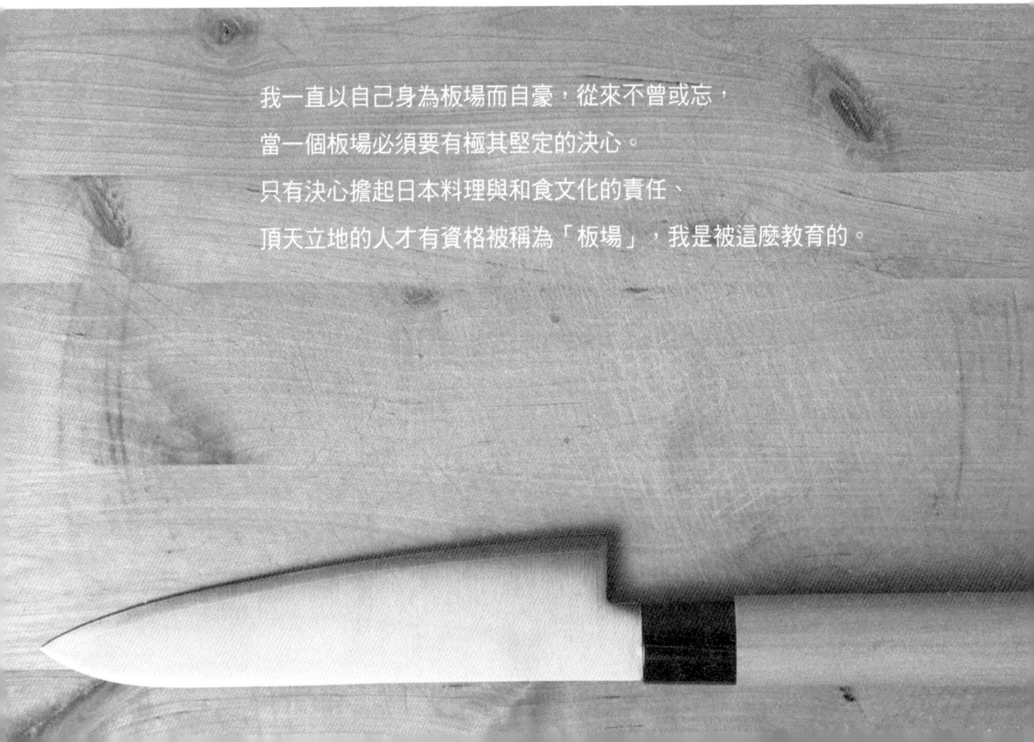

我一直以自己身為板場而自豪，從來不曾或忘，
當一個板場必須要有極其堅定的決心。
只有決心擔起日本料理與和食文化的責任、
頂天立地的人才有資格被稱為「板場」，我是被這麼教育的。

## 不逃、不避、不拖！三不！

在前言裡，我提到「我的夢想就是要讓日本料理起死回生！」那麼你的夢想呢？

這世上幾乎所有料理人都會說：「我的夢想是擁有自己的店！」很多人也的確朝著這夢想努力工作，但最後實現夢想，真的開了店的卻只有一小部分。為什麼那麼努力，卻無法實現夢想呢？

因為幾乎所有料理人都待在陽光照不到的角落。雖然有著料理出美味佳餚的好功夫，時常讓客人眉開眼笑，可是料理人的社會地位卻很低。這就是現實。現在社會上還是有很多人覺得料理人「不過就是個板前」，加上這行收入不豐，每天被生活追著跑，日子就在根本無法存下開店資金的情況下一天一天過了。最後只能放棄，「畢竟店租那麼貴，怎麼開得起呀……」。

可是，**不管什麼事情都一樣，只會把責任推給旁人，情況永遠也不會改變。如果遲遲不能實現夢想，你只能激勵自己。**

料理人裡良莠混雜，成材不成材的都有。有年紀輕輕、廚藝頂呱呱的人，也有混了N年還是三腳貓功夫，遲遲爬不上去的人。我親眼所見的就有收入高得驚人的「大將」，也有甘於拿一點微薄酬勞就好的人。大家都是料理人，做著一樣的事，為什麼手上功夫跟收入會天差地遠呢？我一直在思考這件事。

**原來，差別就在於「覺悟」。**

也就是一個人有沒有決心，「不管怎樣我都要達成！」有徹底決心的人，廚藝就會精進，地位與收入也會提高，但三兩下就覺得「哎唷，我這樣子就好了啦」的人永遠也出不了頭。

**我以前修業時，被徹底灌輸了「不逃、不避、不拖！」這三大「不」信**

**念。這三大「不」，是為了要讓你「克服一切」。**

**不逃，就如同字面意思一樣，不要從辛苦討厭的事情中逃離。**

**不避，就是不要放棄，不要假裝沒看見。**

**不拖，就是不要拖延當下應該做的事，以忙碌為藉口一直拖著。**

如果一個人想擁有自己的店，卻遲遲無法實現，會不會他心底其實有「逃避、閃躲、拖延」之意呢？

想要實現夢想，就要把「夢想」替換成明確的「目標」。可是立定目標後，每天朝著目標，勇往不懈、努力前進其實並不容易，因為人是一種除非抱持了超乎尋常的決心，否則隨時都想讓自己過得輕鬆一點的生物。**所以一定要把三大「不」牢記心頭，「不逃！不避！不拖！」隨時把自己拉回軌道。**我每天都告訴自己這幾個字，檢查自己的決心是否堅定。

有些人可能會因為年紀關係而放棄夢想，也有些人可能因為要顧及家人，而把生活安定擺在第一位，可是你這時候放棄了夢想，難道以後不會後悔嗎？一旦你萌生了「迴避風險」的念頭，夢想就永遠不可能抓得住了。

## 為什麼冬天也穿短袖？

身為「板場」，我們就連寒冬也穿短袖，因為想讓肌膚感受到外頭微妙的溫度與濕氣。

日本料理與氣候密不可分。基本上，日本料理就是奠定在「陰陽五行」思想上的料理。

陰陽五行是在中國漢朝發展出來的哲思，所謂陰陽，便是「自然界萬物皆分陰與陽」，這種思想與「五行」結合在一起。「五行」認為「大自然界乃由金、木、水、火、土這五種要素（氣）組成」。「行」這個字，具有「繞行」、「循環」之意。這五種「氣」不斷循環，誕生出自然萬物，成為大自然。而季節也會配合五氣的循環發生變化，稱為「五季」。

那麼，這跟穿短袖有什麼關係呢？

**日本料理是全世界最在乎季節感的一派。不光五行，日本料理還加上了「二十四節氣」這種獨特的想法，因此必須配合季節做出極其細膩的料理搭配。**

所以料理人為了把五感磨練得更加敏銳，必須把肌膚露出來，用自己的身體去感受季節與大自然的變化、溫度與濕度的狀態，所以才會連冬天也穿短袖。

我老家就是料理店，我家板前人人都在寒冬中穿著短袖。我以前懷疑他們難道都不冷嗎？可是大家看來泰然自若。我父親也認為「開當季食材料理店的，就要用自己的身體去感受季節」，因此開店前會說：「我去海邊感受一下風。」聽起來好像摩托車騎士一樣。

我自己也是四歲起就沒穿過長袖了，對我來講，那就是我踏出「修業」的第一步。

## 「自傲」與「決心」

之前我曾經提過，這世上的料理人分成兩種，一種是「板前」，一種是「廚師」。板前裡還有「板場」，我個人認為「板場」是板前裡特別執著於追求廚藝之道的人。來料亭吃飯的客人也知道兩者的區別，所以一定會說：「請你們板場過來一下。」他們絕不會說：「請板前過來。」在日本旅館等地也一樣。

我一直以自己身為板場而自豪，從來不曾或忘，當一個板場必須要有極其堅定的決心。**只有決心擔起日本料理與和食文化的責任、頂天立地的人才有資格被稱為「板場」**，我是被這麼教育的。

當然也有很多板前與廚師非常認真求精進，但的確也有些人會隨隨便便就跟著社會流行走，破壞了日本料理。這些人毫不在意日本料理原有的作法，隨意更動出菜順序與食材搭配，還宣稱是「創作料理」……。

這當然也是一種時代現象的反映，只是我希望他們至少要知道五行的基本意義，這樣他們才會意識到食材與順序的重要性，知道更動食材代表什麼意思。

日本料理的根底，是人們從漫長歲月中傳承下來的味道與文化。在這個基礎上，再加上日本人身處的自然環境與花鳥風月的思想，從而確立出日本料理的形式。所以日本料理中必然要有能夠打動日本人感性與意識的存在。這些存在，要怎麼反應在料理上呢？因此才有必要去吸收千利休（日本戰國時代後期一位茶道大師，被尊稱做「茶聖」）或是較現代一點的北大路魯山人（一八八三年至一九五九年，日本著名全才藝術家，擁有美食家、陶藝家、書法家、畫家等身分）的料理哲學等。

可是現今的創作料理幾乎都跟這些脫節了，想怎麼做就怎麼做，講難聽一點，是隨便想到什麼就做什麼。「創作」應當是要建立在良好的傳統文化上，添加一點新意，那才叫創作。無視傳統文化的骨幹，哪算什麼創作？「這裡加一點美乃滋會很好吃喔」，那是家常菜的作法，放在家常菜上行得通，怎麼可以用在專業世界呢？把那種東西叫做「和食」，那和食也未免太可憐了。

西方料理會應用到東方料理的觀念，東方料理也會應用到西方料理的思考方式，全世界的菜，就這個層面來看，是在彼此的融合之中一步步提升水準。法國菜的發展也是這樣。

十五世紀前的法國人是不拿刀叉的，他們用手吃。直到路易十五世娶了來自義大利的王妃後才確立下現今的用餐形式，後來又受到俄國影響，開始拿小碟子裝菜，又從葡萄牙學來馬鈴薯做成的麵疙瘩「spätzle」、小麥做成的麵條「nouille」，而奠定下現今麵食基礎。但麵食對東方人來說，本來就是習以為常的食物。

所以各地的飲食文化便是這樣不斷融合與發展後，形成今天所見到的形式，這不僅限於東、西方。不了解這些基本常識與專業知識，只是隨便想到什麼就做什麼，毀壞飲食文化，實在不是什麼好事。

我不會說不准這麼做！但既然要做，就應該要好好學、好好做。貴或便宜是一回事，但從客人那兒收取了金錢，就應該要好好顧全客人的健康與安全，提供符合「五行哲理」的菜餚。

## 不思考，不可能成為一流人物

板前工作的「板場」，是什麼樣的地方呢？

板前分成好幾個階段。第一個階段是「鴨子／アヒル」，也被叫「追著跑」，從打掃跟打雜開始學起。

接著是「坊主」，這時師傅們會開始讓你幫忙料理。再來是「八寸場實習」。「八寸」是吃懷石料理時，最先端上來的那些小菜。接著一步步升到「八寸場」、「八寸場長」、「烤場實習」、「烤場」、「烤場長」、「炸場實習」、「炸場」、「炸場長」，然後是「脇板」、「立板」、「向板」（此三者管生魚片），再上去是「脇鍋」、「煮方」、「煮方長」（此三者管燉菜高湯），最後是「三番」、「二番」、「料理長」、「總料理長」。

要熬到總料理長，時間可久了。而且我們那時代不比現在，什麼都有人教，什麼事都能碰，而是要用「偷師」的：偷看前輩怎麼做，偷學著自己來。不過這樣的訓練，一旦變成了習慣便非常受用。

**不會自己思考，就不可能爬到一流的位置。什麼事都是如此。**現在年輕人也不曉得是不是因為什麼事都有人教，什麼事都學不透，問他為什麼要這麼做，只會說因為之前的店就是這樣教的。他們不會自己思考，為什麼這東西要照這個順序來做，裡頭有什麼含意。別人教什麼就學什麼，不思考、不疑惑，永遠不可能進步。

能當上板場的人，都是會仔細了解理論，從各個角度把道理鑽研透徹的人。提供好吃的菜餚是理所當然的事，料理人更要永遠追求把更健康的料理提供給客人。這才是板場。

所以板場在健康以及什麼是更安全的食品方面，一定要比別人知道得更多才行，這是當板場的條件。**今後的時代不是只要做得好吃就行了，還要滿**

足健康、安全，只有這樣的料理人才能生存下去。

## 板場永遠餓著肚子

一流的板場都吃得很少，有的一天才吃一餐。因為在吃飽的狀態下做菜，味覺會跑掉。

我個人工作時候完全不吃飯。現在也是等到一天營業結束後才會吃飯，然後再做點工作，等到要上床睡覺時，食物差不多已經消化完了。上床時通常都已經四、五點，早上九點起床。這十八年來，我一直是這樣的生活作息。

日本料理中有一種「茶懷石料理」，據說「茶懷石」來自於以前僧侶修行時因為餓肚子，會在懷裡塞一塊溫熱的石頭，以便讓肚子錯覺已經溫飽。板場也是這樣，正統作法是只吃一點溫熱的東西來緩解飢餓感。讓客人感覺到季節的氣息，享用當季美食，這種美食精神，是板場需要提供的。

我以前修業時，曾經因為不懂這種精神而犯過很嚴重的錯。當時還在京都，前輩的要求非常無理，我被欺負得很慘，滿心憤懣。還是個毛頭小子的我對現況無法接受，氣得晚上睡不著，有點自暴自棄，有天就跟另外兩個也是去修業的學徒，趁休息時間換下衣服，跑去外面吃咖哩。

修業中的板前是不吃午餐的，更別說像咖哩這種味覺刺激強烈的食物，萬一被發現，是很嚴重的事。我們三個人輪流把風，輪流偷吃牛肉咖哩飯，我一邊心想，白天吃咖哩真的沒關係嗎？那天偷吃的牛肉咖哩滋味，我一輩子也忘不了。

可是咖哩的味道當然馬上就穿幫了。板場的前輩全都察覺，臉上清清楚楚寫著「你這王八蛋！」接著就遞給我一盤菜，要我試味道。我只好老實招認，對不起，我吃不出來，馬上就被揍。吃完咖哩那麼辛香的東西後，不可能還嚐得出纖細的味道。

因為日本料理的調味，就是纖細無比。

無論是修業時代還是已經當上料理長之後，我一定都在還沒吃飯的狀態下調味。所以現在我去外面吃飯，看到板前被客人勸酒後，真的接過來喝，我都覺得十分不可思議。有一次，一位板前把杯裡啤酒一飲而淨，再來幫我點菜，我心底一氣就問他：「你要用你那剛喝了啤酒的舌頭幫我做菜嗎？」說完我就走了。

那位板前大概也被嚇了一跳吧。現今這時代，還堅持這種道理的我好像有點落伍，可是都當了板前，不就應該要更認真地對待料理嗎？我並不想強迫別人接受我的想法，但我認為，拿了客人錢，卻不努力保有自己的味覺是不被允許的。

## 有決心就有堅持

**一流的料理人永遠都要同時考慮三件事：「速度」、「品質」與「結果」**。比如說你要能同時迅速準備好多人份餐點，有時也要能做出一餐就要一、二十萬日幣的超高品質菜色。

光這樣還不夠，最後你還是要顧慮進帳。就算做出很好吃的菜，經營不下去也不是辦法。我從十八歲起，就被徹底灌輸了速度、品質、結果這三樣意識。

不過很可惜的是，近來料理界也有愈來愈多人在乎「每天從幾點上班到幾點？」、「薪水多少？」、「一個月休幾天？」這些就業條件。現今與我們以前相比已經改變太多，所以我並不否定這種堅持，但問題是，要是抱持這種堅持，恐怕沒辦法走上成為一流料理人的大道，更別說開店了，根本是癡人說夢。**只有那些寧願辛苦一點，也要提升自己「層次」的人才有辦法成為一流料理人。別無他法。**

當然有些人是為了養家活口而幹這一行，那當然也沒問題。只要做好身為受僱者應盡的本分，在自己被賦予的環境裡盡力努力，那也是成功。

我可能有點不知天高地厚吧，但我一生下來就是個日本料理店的孩子，所以在不知不覺當中，興起了「我想撐起日本料理界」的志向。我心底很早就萌生了「我要守護日本料理傳統與文化」的決心。

**料理人一定要確立自己的「決心」。要決心理解日本料理的本質、要決心永不懈怠地把它呈現給客人，最後，那份決心便會成為你的「堅持」。**

## 豁出去覺得「死了就算了」時

以前我在名門料亭「吉兆」工作時，曾經做到出現血尿。那時心底很不安，擔心自己該不會就這樣掛了？但又不能丟下工作。後來我心一橫，覺得「要是這樣死了也算了，也算得償所願。萬一我連想做的事也沒做就死去，未免也太窩囊了」。真不知道我這想法算是想開了，還是豁出去了。

我曾經讀過一本書《葉隱》，裡頭有一句「覓己願為其所死之事，便是武士道」，我深感這句話講的就是我們板場。**一個人覺得寧死不足惜時，便產生了堅強的信念，不是嗎？所以一個人「走出自己的道路」時，一定是他有了寧死的決心。**

我那時候頭痛欲裂、全身發惡寒兼血尿，雙腿發軟，隨時倒下也不奇怪。連我自己都擔心我要是這樣倒下去，應該就起不來了，好像還是應該要去醫院。

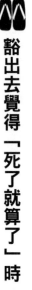

可是我又不能把手上的工作拋下，就這樣一直忙到受不了的時候，我心一橫，覺得「算了，死就死吧」，重新回到廚房，說聲「對不起」又開始工作。就這樣，**當一個人覺得「只要我決定要做，就算死我也要做！」時，這個人的意志就強大起來了。**

我進這行的時候就已經有了這個覺悟。職場要求非常嚴格，工作量又不是開玩笑，可是不實際試看看，怎麼會知道「真的可能忙死」是什麼感覺？而當一個人決心「死了也無所謂」的時候，他便跨越了一關，信念也就這麼形成了。

## 抓住工作節奏

有了信念，並不見得能真的堅持下去。比方說我就曾經看到其他店家打出低價攬客招數，大賺特賺，一時豔羨得也很想賺這種錢。遇到這種時候，我會訓斥自己，你要是那麼做，不如就離開這一行！

**自己的信念，只有自己才能建立，沒有人能幫你。**可是有一些方法可以幫你鞏固信念，我往後會再細談。

其實以前我在大阪料亭學師時，曾經因為熬不下去而落跑。可是那時候我又不能回老家，只好抱著會被痛罵到死的決心又回去店裡。一回去，我從此看見的「眼界」就截然不同了。

前輩們給了我從來不曾看過的笑臉，說你回來啦？那時候我才發現，原來總是又吼又罵的前輩們其實感情很好，都很熱愛料理，他們是因為把我當自己人，才會對我說話比較嚴厲。

我本來覺得「板場這一行簡直是地獄」，可是其實前輩們是真心為我好。唯有闖過「地獄」這一關的人，才能淬鍊為真正的板場。當你闖過之後，板場的前輩也一定會跟你說，你熬過來，真了不起。

因為這樣，我開始從心底覺得我要當板場！我要跟這些人一樣！那時候，我心底有一顆堅定的種子萌了芽。

之後的日子雖然依舊每天活在地獄裡，可是我的眼界已經不同。因為想變得跟他們一樣，就算被罵得灰頭土臉，我也能察覺到他們話裡的真意。於是我開始思考，自己到底該怎麼做才不會又被罵？我開始改變自己的做事方式、在廚房裡的動作等。

可能是心性開始愈來愈堅定吧，以前每天都要忙到半夜才能完成的工作，開始能提早結束了，時間不再那麼緊迫。我東張西望，覺得奇怪，怎麼沒事了？該不會我忘了什麼吧？前輩卻叫我工作做完就早點回家。

感覺好像一直壓在肩頭上的什麼東西終於拿掉了。原本根本連睡眠時間都不夠，現在居然可以早點回去睡？我被前輩們取笑說：「你要是早點開竅，也不會那麼慘。」我只好低下頭說對不起，我就是笨，開竅得比較慢。前輩們也笑說還好你知道你自己笨，這樣也不錯，認可了我是他們的一份子。

後來我變成了在上位的人。立場轉變後，就算你不想對新人嚴厲也沒辦法。廚房裡面分秒必爭，實在不可能一件事一件事慢慢教、好好說，只能讓新人在每天的痛罵中自己掌握住「節奏」。每當看見他們那樣，我也會想起「對噢，我以前有一陣子也是那樣」。**現在當我迷惘時，我會看看那些年輕人，試著轉換立場警惕自己「你要繃緊神經、誠懇對應」。這就是「不忘初衷」。**

「你是不是還跟那時候一樣認真在追求呢？」每個料理人的生活態度都不一樣，我會問自己當初為什麼要到一流料亭去歷練？把自己修業的意義好好想一想，並且活用在往後的人生裡，這才是重點。

當初一起跟我在板場修業的人，現在有些在宮內廳負責皇室相關成員的料理，有些在國外的日本大使館扛起日本招牌，有的則像我一樣，在民間守護著「日本料理」這塊招牌。每一個人都努力堅定自己的「信念」，走出「自我風格」。

## 「俠義之道」的精神

我雖然不是俠客國定忠治（江戶時代後期的俠客），但我認為板場這一行也有所謂的「俠義之道」。人家常常說一件事合道理、不合道理，我們這一行也是如此。「有沒有超出道理之外」非常重要。

我很幸運跟到了好師傅，才能在這一行混到今天，所以我非常感謝。要是我忘了這份恩情，就不能在注重俠義的這一行裡混下來。受人之恩當湧泉以報，就算過去再久也不能忘記別人的恩惠，這就是俠義。

「俠義」聽起來好像什麼黑社會專用名詞，其實不是。**「俠」會連結到「界」。一個人如果踰越了不該踰越的界線，就等於脫離了做人的正道。如果知道做人什麼事情可以做、什麼事情不能做，我們就會走在為人的正道上。由此衍生出俠義的第一要義，便是「己所不欲，勿施於人」，我的師傅也常這麼講。你不喜歡的事情，別人也不會喜歡。**

我們以前當學徒的時代是不講道理的。有的前輩搞錯了俠義之道的意思，隨便把自己的情緒發洩在別人身上。修業是一種上下階級的關係，你只能忍耐，沒有其他辦法。但這種人一定會在某個階段就被排擠，因為他沒有辦法融入成為「自己人」。

我在現在的職場上也很重視俠義這件事。沒有一個能讓人結交到同伴、互相切磋的環境，一個人就不可能成長。我對於自己帶出來的徒弟，雖然在工作上會要求較嚴格，但絕不會任意刁難。如果因為我們嚴格而辭職，我也沒有辦法，畢竟這一行本來就不是每個入行的人都能一直留到最後。

相反地，也有那種除了這一行以外沒有其他行業可混，只能一直耗著，待多久都出不了頭，只是虛長年歲，永遠在別人底下工作的人。當我判斷某個人不適合這一行後，我就會勸他換個職業，因為這樣對當事者反而比較好。有些人就是會讓人覺得一直在這一行瞎耗也不是辦法。

但很可惜，這樣的人就沒機會接觸到俠義之道。他們沒有遇見能好好帶領他們的人，真的很不幸；但也可能只是這一類型的人很擅長在這一行裡混下來，卻沒警覺到自己並不適合當個料理人。

我有時候會拜託這樣的人，「不好意思，要麻煩你在年輕人底下撐著」。不管哪一行，都需要有人在底下支持，為了要讓年輕人能好好出社會，一定要有上了點年紀的人在他們底下照看。當年輕人跑出去外頭闖蕩，受了挫折又回來的時候，也是這一類人要去安慰他們，「我以前也是這樣啦」，幫助他們重新站起來。

我在三十出頭就當上了某飯店的料理長，那時候年輕的我不可一世，以為沒人能跟我比，完全把俠義兩字拋到腦後。這種唯我獨尊的處世方式當然很快就跟別人產生衝突，最後沒辦法只得辭職。那時候挺身出來幫我跟底下的人打圓場的，是年紀大我很多的副料理長。那時候他四十三歲，人非常敦厚，我到現在還很感謝他。沒有他，就沒有今天的我。在一個組織裡，一定要有這樣的「磐石」撐起大局。

我到現在也還沒忘記他的恩情。一旦他有什麼事，我一定會馬上放下一切，衝過去幫忙。這就是俠義。這個精神培育了我，守護了我。我也如此相信。

## ✿像銀座媽媽桑一樣努力

「板場」是很專業的世界。就學習專業知識、磨練技巧，把自己所能展現出的能力整體發揮出來這點來看，板場跟建築師、作家或攝影師是一樣的。既然是專業人士，就要精通這一行的一切，窮究料理之道，否則無法成功。

我們店裡如果有客人給了小費，我一定會去登門道謝。客人會說：「板場，你還特地來呀？」然後跟我聊聊天，講講生意呀股票呀、景氣等，甚至連經濟動向也會跟我聊。

來我們店裡的客人除了企業主管外，也有很多證券公司跟做股票當沖的人，所以我每天都要看經濟新聞、關心股票走勢，也要知道政治與社會局勢，才能跟這些客人說得上話。

聽說一流的銀座媽媽桑每天都要看很多報紙、熟稔各種話題，一流的板場也應該要努力這樣做。

**料理這一行，除了手上功夫要專業之外，待人接客也要專業，此外還要培育後進，徹底教會他們料理的真意。這種態度很重要，所以一定要徹底追求自己的專業性。**

很幸運的是，我在專業上遇見了能成為我「典範」的人。

我打算走板場這一行時，一開始便決定要靠意志力、堅持與頭腦來出頭天。我思考著，如果我在這一行卯足勁鑽研的話可以到達什麼程度。那時候我身邊正好有個範本，那人便是我的恩師杉丸忠之。

我跟在恩師身邊當學徒的第三年，他那時候的月收入已經將近三百萬日幣。他自己雇了個司機，每天下午才進來，來了後問聲：「有沒有在做事？」我們這些底下的人不能隨便亂講話，他問：「忙不忙？」實際上大家忙得要命，但還是要說：「還好。」於是師傅聽了就說：「那我先回去了。」人就走了。

就這樣，每個月賺三百萬……。我那時候覺得，哇，板前這一行是這樣啊？師傅完完全全就是人生勝利組。

當然我到現在也不覺得錢是一切，可是當時我沒有衡量成功的其他指標，「月收入三百萬」真的讓我目瞪口呆。我心想如果要爬到那個位置到底要怎麼做？於是在心裡發誓我一定要苦幹實幹。

## 不喜歡就起不了頭

可是那時候周遭都是前輩跟敵手，我要往上爬就得讓前輩們喜歡我才行。但料理人一旦站在同一個地方，彼此一定會產生競爭意識，起爭執。因為每個人做菜的細節不一樣，想法也不同，入行年資與歷練也不同，人家說「槍打出頭鳥」，我也曾被罵說自大、自以為是。我心想，怎麼樣才能在不惹到別人的情況下，以最短距離爬到師傅那樣的等級呢？於是我把方針改變成「從生意人的眼光」來看事情。

我出生在料理店，從小就有點生意人的頭腦，所以我改由生意人的角度出發，努力從這角度來看事情。

拿食材來說吧，我會說：「前輩，這丟了有點可惜，給我好不好？」先拿來放在身邊，等到前輩那兒材料不夠了，我就說：「前輩，我這兒有。」或「前輩，這樣子弄一弄，感覺也可以當成一道菜喔？」這時前輩會開心地說還好你把食材留了下來。尤其大阪人有「惜物」的習慣，什麼東西都要從頭用到尾，不能浪費，我們一直被教育要「珍惜物資」，所以我那麼做更得人疼了。

就這麼避免與人摩擦，有功勞都讓給前輩，絕對不要說我、我、我，什麼都是前輩的功勞，這樣才會討人喜歡。被喜歡之後，別人當然就願意多派點事情讓我做，於是我慢慢爬了上去，很順利地把生意人的眼光當成武器。

可是這點小把戲怎麼瞞得過師傅？他看得很清楚，可能擔心放任我這麼下去對我不好吧，很果決地把我「調職」了。他說：「你差不多該去別的地方學學了。」

師傅講的話就跟父母的命令一樣，不能說「不」，無法反抗。但我心底很不滿，覺得天啊，難道我又要去別的地方從頭幹起嗎？因為一旦去了別的地方，又得從頭開始。

俗話說得好，辛苦是有代價的。**你怎麼苦過，就能得到多少的歷練與蛻變。所以我現在經營公司的守則也是「不說辦不到，只說做得到」。這是我從我師傅那兒學來的，我師傅從不說：「沒辦法。」所以我也不說，我們公**

**司的員工也不說。**

就那樣，我陸陸續續在全國各地很多廚房待過。對我而言，能跟到那樣的師傅是我的福氣。料理人入行時，跟到什麼樣的師傅，就會對人生產生多深遠的改變。**上位之人時時刻刻都要謹記自己對下面的人的影響力，上樑不正下樑歪，上頭一錯，下面也會跟著錯。**

我現在也站在師傅當年的位置了，我一進廚房，一定謹記要「以身作則」，因為我一錯，底下的人也會錯。如果我在工作時喝酒，下面的人也會喝酒，我不喝，他們就覺得師傅都沒喝了，我們怎麼敢喝？便會自制。

酒精會麻痺一個人的舌頭，影響一個人的嗅覺，料理人要調味時絕對不能喝酒。我從出生到現在從沒喝過酒，也沒有駕照。萬一自己開車出了車禍，手腳受傷，我做為料理人的生涯就完蛋了。我師傅也不開車，他自己出錢請司機。

就像這樣，我對自己有很多要求，可是這些都是為了要讓我能在「板場」這一行生存下來，所以我從不覺得苦。等我從這一行退休後也許會喝點酒吧，因為看別人喝酒好像很愉快，不過我現在有更想做的事情。

**我是很想、很想當料理人而成為料理人，現在已經得償所願，無論碰到什麼事，我都不覺得苦。雖然光靠喜歡沒有辦法填飽肚子，但不喜歡，什麼事也起不了頭。**

## 成功要靠「拿命去做的決心」來換

當人家師傅的如果是個半調子，工作時就開始喝酒，當徒弟的也會有樣學樣，不盡心追求廚藝，最後只能端出讓人覺得「噢，就這樣？」的菜色，成為二流板前，然後也許一輩子就以當個庸庸碌碌的廚子結束。

有些鬧區的居酒屋老闆會喝著客人請的啤酒，一邊拿著廚刀做菜。有些做出來的菜，甚至讓人懷疑「怎麼會糟到這種地步？到底是怎麼學的？」

我自己進廚房拿起刀子時，絕對會打開一切五感，凜然面對工作。因為要是我在味道上出了差錯，我就會把這份差錯傳給我的徒弟。

萬一我沒做出正確的調味判斷，卻跟徒弟說：「這樣應該可以了。」我的徒弟就會一輩子記著錯誤的味道。這樣不但對他們不好，對日本料理界更是有害無益。

我們修業時，會為了學精進料理去佛寺學習。和尚的生活是沒有上下班之分的，板場也一樣。**放假時，心情也要保持得像在上班，有時間就進修，練習轉換想法觀點，像這樣一直維持在進取狀態的人，才是真的「專業」**。

勞動基準法與兒童福利法禁止深夜勞動。未滿十八歲的人不可以在晚上十點過後工作，所以我們公司所有符合上述規範的兼職人員，一到晚上九點都得下班。但我自己是料理店的兒子，就算忙得沒時間睡覺，我也覺得很正常。

「真正」的板前生活就是這麼辛苦，可是社會對於板前的評價卻不是太高。有時候會聽人家說：「不過是個板前……」後面的點點點，聽起來好像板前是什麼下賤行業，跟黑社會一樣。

假設有一位板前想創業，要跟銀行融資，銀行當然要詢問來者的職業跟經歷。板前說：「我這一輩子都是個板前……」銀行一聽，態度就保守了起來，說：「我們再討論看看。」

如果可以順利拿到融資，貸款成功，當然讓人開心，可惜現實是銀行並不太融資給個體戶開業。我從認識的金融業者那兒聽說，銀行的融資對象裡，板前是倒數第二名。

而且銀行對於信用上的要求也很嚴苛，往往規定「必須在同一職場工作十五年以上」。我這種在全國各地廚房歷練過的「流浪板前」，信用評等算是很低，我想銀行大概不會把我個人當成融資的對象吧。這個社會對於板前的評價就是這麼低，不管個人努不努力、意志如何。

其實我以前曾經每個月存三萬塊，想在福岡開店。但我查了當地的土地跟周轉資金的大概行情後，發現居然要存三百四十三年才有錢開店。我活得再久也不可能活到三個半世紀呀。我想找出方法，縮短這個時間，可惜人生沒有那麼好的事，又要輕鬆、又能成功。

料理店也是，絕對沒有「便宜又好吃」這麼好康的事。真正提供美味料理的店家，一定也會要求相對等的費用。要好吃，就得付那麼多的錢。如果一家店便宜得離譜，背後一定有什麼問題。

還好，我雖然沒有輕輕鬆鬆躺著就成功，畢竟也找到了通往成功的路徑。

**那就是「拿命去做」的氣魄。就算沒了這條命我也要做。有這個氣魄，也許我會成功，但沒有這個氣魄，我可能將來庸庸碌碌地就過完了這一生吧……我下了強大的決心。**

具體來講，我到底做了哪些努力，下一章再來繼續談吧。

第二章

# 磨練你的「生存武器」

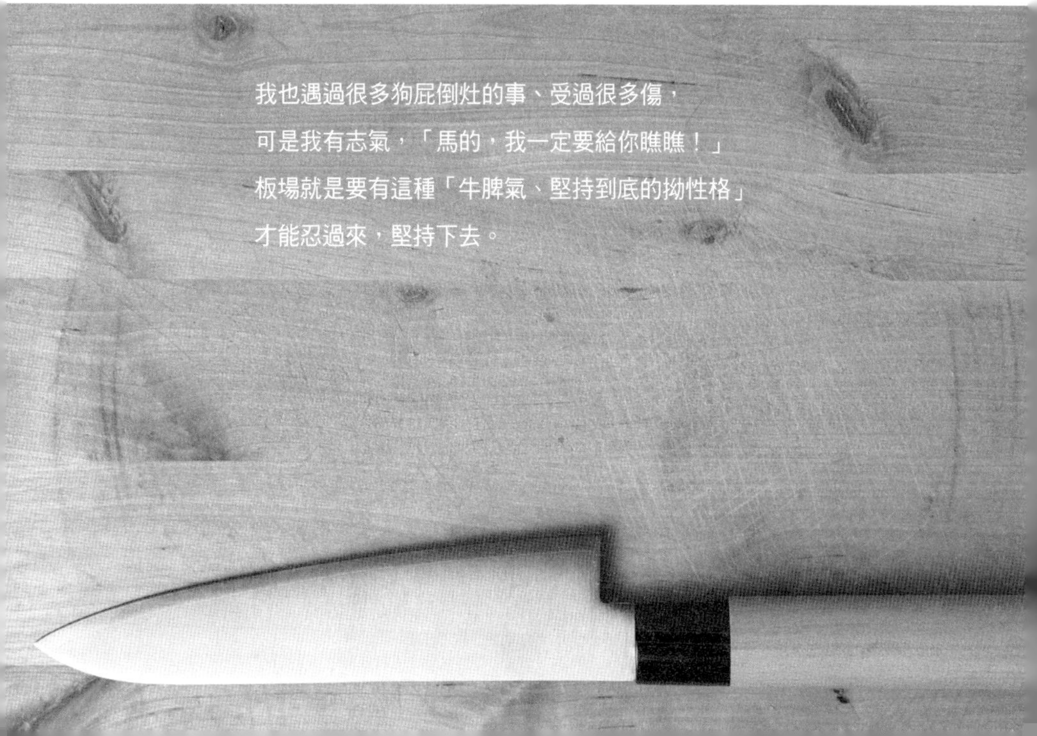

我也遇過很多狗屁倒灶的事、受過很多傷，
可是我有志氣，「馬的，我一定要給你瞧瞧！」
板場就是要有這種「牛脾氣、堅持到底的拗性格」
才能忍過來，堅持下去。

## ✿十一歲開始修業

我是料理店的孩子，父母親聘了幾個人，在福岡市開了一家介於割烹與料理店間的和食店。我們家也幫福岡商業設施「太陽宮」的後台提供便當。

由於自己家裡就是店鋪，我每天一回家，父母親都在家裡跟我說：「你回來啦？」不過除此之外，他們並不管我。

我之所以會走上料理人這條路，一方面是因為這種生長環境，另一方面則是「中了我父母親的詭計」，嚴格說起來應該是後者比較正確吧。

成長過程中，我家晚餐不是吃近海魚類的生魚片，就是烤附近海域的鮮魚來吃，年紀小歸小，我也能感受到那滋味實在太好了，所以從小舌頭就被養得很刁，去外面吃飯時還會人小鬼大地覺得為什麼要花錢吃這麼難吃的東西？

小學時，有一次在我視線所及之處放了一本書，是介紹「吉兆」料理的圖冊，裡頭有很多漂亮圖片，非常精美。「哇，這什麼啊？怎麼這麼厲害？」我很感動地問我父親，父親說：「這才是真正的料理。」於是我跑去學校圖書館翻看料理書籍，每翻開一頁，眼前就出現一道又一道珍饈美饌，不知不覺中我開始覺得「我也想做出這樣的菜看看」。

小學五年級快結束時，有一次我隨口說，不然我以後長大也當板前好了。父親那時候在看報，忽然拿著報紙轉頭過來對我咧嘴一笑。我心想完了完了，中計了！但我想試著走這一行的念頭已經很強烈，於是隔天便開始入行。

我進入這一行的契機便是這樣開啟的。不過在自己家裡學會偷懶，所以我父母一開始先讓我在放假時到認識的料亭跟料理店幫忙，做現在我們叫做「坊主」、以前叫做「鴨了」的最菜、最菜的菜鳥工作。至於為什麼叫做「鴨子」呢？因為你連鞋也沒得穿，只能打著赤腳在廚房走來走去。

就這樣慢慢累積經驗，有一天早上我跟父親說我去上學了，沒想到他認真地問我要去學校幹嘛。「今天家裡有八件預約，一堆前菜要做、一堆碗盤要洗耶。」天底下居然有這樣的父親，連小孩要去小學也要阻擋，可是我居然也回道：「對噢，那今天沒時間去學校了。」

就這樣，我從十一歲入行，開始板前修業，很少去學校。比起上學念書，我更想做出厲害的菜。每次看見板前大哥們眼睛看著旁邊，手上廚刀還是一直唰唰唰地切著生魚片，我都覺得太帥了！我非常嚮往，也想早點變成那樣。

## 第一件事是「熟悉環境」

當初單純因為嚮往這一行而開始了學徒生涯，但入行後，當然一開始只能打雜跟打掃，從這些訓練中熟悉一切。這工作要碰刀，火源周圍也很危險，一點小小的疏忽就可能釀成很嚴重的災害，所以不能害怕碰火碰刀，要學習怎麼掌控它們，從訓練中去培養出這樣的感覺。

大人們教我，火是「荒神」，該用時才用，不能亂來。水有「水神」，倒熱水時不可以冒冒失失，一下子全部倒光。從這些事情裡，去學習板場的基本作法，徹底教會我「這件事為什麼要這樣做？」、「那件事為什麼不能那樣做？」

小學五年級是十一歲，可能有些人會覺得太早了，其實我的起步已經算晚。歌舞伎演員差不多從三、四歲起就要開始學藝，頂尖高爾夫選手也差不多是在那年紀開始培養。想當棒球選手的人，最晚也要在八、九歲起步。一般來說，父母親會替孩子塑造出那樣的環境。我父親當年好像也希望我能早點起步，可是在我自己產生興趣之前，他什麼都沒說。直到我說出那句「我想當板前」後，他便開啟了嚴格訓練。

每天我得看店裡的預約情況，有時候去上學，有時候不去上學。譬如「你今天上到幾點？」「下午三點。」「那來不及，怎麼辦？」最後根本沒法好好去上學。有次老師受不了，直接跑來家裡談判，嗆我父親說：「這是義務教育，你要讓他去學校！」父親會說：「老師，我們這一行跟你們想的不一樣。現在最重要的是把他培養成能獨當一面的板前，如果還有時間的話才讓他去學校。」

後來我二十歲後，有機會碰到當時的老師。老師誇我：「渡邊，你現在很厲害了呀！」我因為很早就出社會歷練，當然也比較早一點獨當一面，這都要感謝我父母親，是他們早早就為我打開了一扇窗，至今我都很感謝。

## 不要變成「專業笨蛋」

每天在家裡幫忙，時間很快就過了。國中畢業後，我決定去大阪當學徒。人家說大阪是「世界廚房」，講到吃，就會想到大阪。父親請託朋友，想盡辦法跟大阪一家料亭說好要讓我進去。

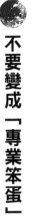

「都國中畢業了，接下來就要全心全意衝廚房了！」我這麼暗下決心，正當我覺得「好，要出發了！」的時候，說好要收我的那家料亭卻突然捎來消息要我「再等三年，等你高中畢業再來。」

我不知該怎麼辦地回覆對方：「可是當板場不需要學歷吧？」對方說，今後的時代，料理人也要有學問才行。有句話說「急事緩辦」，這句話說得好，後來那三年對我往後的人生起了很大幫助。

那間料亭還要我最好去念電腦相關課程的高中，我覺得這家料亭真是奇怪，但看來對方當時是有先見之明吧。那時才昭和五十幾年，電腦不像現今這麼普遍。但我最後沒有去念電腦相關的高中。我跟國中老師說：「老師，我還是去上高中好了。」老師嚇一跳說：「你這傢伙，人家入學考試早就結束了。」原來我已經錯過了招考時間。

我問老師該怎麼辦，老師教了我一招，「你去考所謂的『一點五次招考』。」那是報考好學校的人擔心萬一落榜而當成備胎用報考的高中，等級稍差一點。不過我要考的是資優班，如果成績不夠還是進不去。可是當時我只剩下那個選項而已。

料理店賺不了什麼大錢，可是每天進帳的小錢是有的。結果我這種連國中都沒好好上學的人，那時請了六個家教，每個科目請一位。就這樣，雖然沒有好好上國中，但最後終於考出好成績，被我考上高中了。

我父親與恩師杉丸忠之都勸過我，「你千萬不要變成那種只會做菜的專業笨蛋」。因為有些人雖然菜做得好，卻不會做人。那樣的人不會變成頂尖。所以他們一直灌輸我「中庸」觀念。不要太過，也不要不及。我在高中認真接觸了許多不同領域的學問，避免自己變成「專業笨蛋」。直到今天我還是覺得，幸好有那三年，雖然我一邊在家裡幫忙，但也扎扎實實學了很多東西，才沒有走上「專業笨蛋」的歧途。

## 為成為料理人而念書

那時候每天晚上忙完店裡工作後，我從晚上九點開始讀書。父親用繩子把我綁在書桌椅上，親自站在旁邊盯著我，以免我睡著，就這樣一直念到凌晨一點。父親說家教的內容他學了也有幫助，所以也一起上課。

我上的科目有數學、化學、歷史、國文、料理等。料理方面，主要是和料理相關的歷史等。有些日本料理源自於古老故事，所以有時候也會跟國文結合一起上。那時候的上課，我覺得比較算是為了成為料理人而念書。

直到現在，關於中國清朝方面，別說歷史，連文化、藝術與工藝等我還是很有自信。化學方面，跟料理基礎有關的「分子料理」，譬如說蛋白質與胺基酸的組成與結合機制等，搞不好我比一般化學家還清楚呢。維他命及血液這些我覺得對料理有用、自己也有興趣的課題，我也很認真學。

那時候，數學也被盯得很緊。到現在我只要稍微瞄一眼數字，還是能馬上算出原價跟損益平衡點，因為我的大腦自動會把那些數字計算排列好。

我們高中從高一到高三，只要前兩次期中考跟最後一次期末考的三次成績加總起來，平均不低於四十分就可以升級。所以我每年第一次期中考都非常拚命，努力拿下科科滿分，這樣剩下的兩次隨便考也不會低於平均四十分。只要第一次認真考，剩下來一整年都可以專心在廚藝上。透過這種方法，我順順利利混到了畢業，完全沒留級。不過問題出在我的出席率不足，我父母因為出席天數的問題跟學校槓上。父母親嗆道：「你們學校該教的，我們都讓他在家裡自己學，還付了學校學費呢。這麼衝動又麻煩的學生去上學也只是給你們找麻煩而已，我們把他留在家裡也是為了學校好，你們了不了解？」我在一旁聽了，覺得他們說的話真是莫名其妙，因為他們未免也把自己兒子說得太壞了。

## 「好想變成那樣」就是一個人成長的動力

我沒好好上學，就社會標準來看是不像話，但是現在呢？究竟哪一條路對我來說才是正確的？我跟歌舞伎演員或運動選手一樣，其他小孩在玩的時候我不能去玩，一直接受「菁英教育」。我父親的口頭禪是「我們家的教育方針比較特別」。但正因為有那段時間，才成就了現在的我。所以我絕不敢在我父母親面前裝老大。

話說回來，那時候每天都好累也是事實，我常想不要過這種日子了，我受不了了！但看著父親在我面前拿著廚刀，一邊還能耳聽背後鍋子的熬煮聲，判斷「差不多了吧？」轉身去把火關掉。他這模樣讓我覺得好帥，好崇拜。他就算一邊正在跟客人講話，耳朵還是能注意聽著遠處鍋子的動靜，說：「那鍋煮好了。」要我去把爐火關掉。

我不禁覺得「怎麼有辦法那樣呢？我也好想變成那樣」，因為我有這種**「好想變成那樣」的心情，才能持續下去，沒有因為辛苦而半路放棄。「好想變成那樣」的這份「憧憬」，能幫你戰勝一切。**

## 發現「人外有人、天外有天」

高中三年念完後，我終於可以去一心嚮往的大阪了。

我要去的是曾根崎新地的料亭「八光」，同期進去當學徒的共有四十個人，每一個人的師傅都是有點名氣的料理人。雖然並沒有不能收外行人的規矩，但外行人進得了門，恐怕也待不下來吧，因為那裡是一般社會常識完全沒辦法理解的世界，什麼事都讓人覺得「怎麼會這樣？」、「為什麼要做到這種程度？」那裡是一個如果你會產生那種不滿，就不應該進去的地方。

我在新大阪車站下車後，整個人完全被城市的規模之大嚇傻了。我連畢業旅行也沒參加過，所以那是我這輩子第一次離開福岡。我以為福岡的博多車站已經很大了，沒想到一下了新大阪車站，完全愣住。

原本滿心自傲地覺得「我才不會輸給關西人呢！」馬上氣燄盡消。下了新幹線後兩分鐘，我已經訝異於人潮之多，等到要轉搭地下鐵時，更是愣住了，因為線路太多，我根本不知道該搭哪一條。我在出發前從沒想過會在地下鐵迷路這種問題，因為那時候福岡的地下鐵只有一條線。

老實說，那時真心覺得自己到底是來到什麼驚人的世界啊？我完全不知道該怎麼前往「八光」。一開始還很驕傲，覺得打死也不要找站務員幫忙，但過了五秒鐘，我就開口說不好意思……。

終於到達料亭後，第一次見到恩師杉丸忠之，正式進入「八光」。

那裡的板場都是將來準備繼承家業、有點名氣的料理店的兒子或旅館的長男，沒有一般人。我以為自己在福岡已經學了不少，很自負地到處問同期的人：「你從幾歲開始學？」無知這件事真是非常可怕。我以為我從十一歲開始訓練，絕對不會輸人。我實在太輕慢了。原來大家都是從八歲或九歲開始，問到後來我甚至覺得自己這樣的程度有點危險。因為學廚藝這件事，差一年就可能天差地遠。

為什麼料理店的兒子要儘早學藝？因為小孩子富有感性，誠實率直，你教他什麼，他不會，馬上就問你為什麼，所以你只要好好教，他就會像一塊海綿吸水一樣，完完整整全部吸收。

我父母親當年訓練我時，無論書畫器物，全都只讓我接觸好東西，為的就是要讓我在接觸真品的過程中培養出欣賞美的能力。這也是如果能儘早開始，就要儘早開始的事。

跟我同期進去的人，大家在十八歲時都已經有資格成為一般料理店的師傅了。從小學藝，自然都有一身好功夫，之所以還去料亭當學徒，都是為了學習料理人該有的「態度」。

## 忍受不合理的待遇

我一開始就說「不逃、不避、不拖！三不！」在這一行，不管碰到再怎麼不合理的要求也要接受，如果是會頂撞上司的那種人，從一開始就不應該入這一行，這是這行不成文的規矩。可是，沒有什麼比這種事情更離譜了。但**若是你想要超越這些，就只能磨練廚藝，用工作的成果來對抗**。

我也遇過很多狗屁倒灶的事、受過很多傷，可是我有志氣，「馬的，我一定要給你瞧瞧！」板場就是要有這種「牛脾氣、堅持到底的拗性格」才能忍過來，堅持下去。

杉丸師傅本身就是一個不逃、不避、不拖的人。講得極端一點，他那個人根本就不懂得妥協。如果他覺得「這味道也可以，但好像少了點什麼……」就會一直試、一直試，直到他滿意為止。我們身邊的人都覺得師傅不用自己做到那種程度吧，可是他就是對自己毫無妥協。他總是直白地說：「**要就正面對決，萬一被擊垮了，自己就是那種程度而已。**」

他不但對美味的探索有所堅持，也決不允許客人在我們店裡胡來。舉例來說，有時候店裡會有些黑道客人上門。大阪的黑社會都是一眼就判斷得出來，大吼大叫，舉手投足旁若無人，把其他客人都嚇得紛紛閃避。店員就算不悅，也不敢說什麼，畢竟太可怕了。可是這種時候，杉丸師傅就會馬上到外場，跟客人說：「我跟你說啊，有位不曉得是哪個道上的大哥，會帶著女人低調地來喝酒。那樣不是很好嗎？我們這兒也有小包廂。但是大搖大擺，帶著一看就知道是什麼樣的人跑來這兒吵吵鬧鬧，我跟你說，我脾氣也不是很好啦，你看看要怎樣！我們這邊也不是沒有那種人啦！」他沒在怕，一開口就嗆。然後轉頭問我：「是不是呀，渡邊？」我也只能說：「對！」自己趕快用毛巾把手包起來，心底嚇得皮皮剉。我當然也覺悟到不打不行了，還好對方說：「你說得對，是我沒注意，你們這裡不是那種店。」像我們這樣的店家，客人反而會敬重，在外面幫我們說話：「那家店不簡單喔。」於是這種名氣就傳開了。

## 師傅都不逃了，徒弟逃什麼逃？

當然每個師傅的性格都不太一樣，我很自傲我的師傅是這樣子的人。有次其他地方的師傅問我：「你師傅是誰？」我說是杉丸師傅，他咧嘴一笑，說你真是跟了個怪怪的人哪。我那時候真想把腰彎成九十度，鞠躬道謝說多謝誇獎！

其他師傅也會交代我，「你個性要穩，不然不成器」，叫我是「杉丸那邊的年輕人」。我說不好意思，我還沒請教師傅的大名呢，對方說我還不用知道，問我要不要去喝咖啡？可是我不能喝咖啡，不得不拒絕。

因為料理人要維持敏銳的味覺，不能喝咖啡。對方說：「對噢，不然去喝奶茶吧。」「你工作做得怎麼樣？在這邊跟我說沒關係啦。」我說很辛苦，對方勸我：「板場這一行就是這樣，我告訴你，這種時候你就這樣做就好啦。」真誠地給我建議。

跟在師傅身邊愈來愈久後，我開始覺得「萬一師傅有什麼事，我一定馬上衝去！」因為師傅什麼事都正面迎戰，我們這些身邊人至少要能出點力，幫他擋在前頭。我是有著這樣的覺悟。

從那之後，我發誓不管什麼事我都不逃、不避、不拖！絕不！因為師傅都不逃了，我們這些徒弟逃什麼逃？

## 渴望逃離地獄

我人生中最大的汙點，就是曾經因為吃不了苦，從廚房落跑。那是我十九歲去當學徒後一年的事。

我們同期進去的四十個人，過了一年後只有兩個留下來。那個世界，就是需要那麼大的「覺悟」。我現在之所以不管碰到什麼事都堅持「不逃、不避、不拖！」有一部分原因也是出於當時的經驗。

有一陣子我的疲勞已經累積到極點。每天的睡眠時間只有兩個鐘頭左右，店關門後，我要打掃整理，等回到自己房間已經半夜兩點了。就算直接倒在床上睡著，凌晨四點就要起床，因為得趕在前輩還沒去店裡前把必要準備工作做好。日子一天一天過，我的記憶開始變得片片斷斷，有時候覺得奇怪，我今天白天做了什麼，卻一點也想不起來……。我的情況差不多到了這麼嚴重的地步。

一整天神經都繃得緊緊地，根本沒時間休息。同期一個個倒下去，有的還是在我眼前倒下，直接叫救護車送去醫院。我開始覺得每個前輩看起來都像惡魔，不是個性爛就是愛欺侮人。

根本不跟我講話、把我當垃圾……這種不滿一旦出現，就會一個接一個蹦出來，而且板場這一行，你很難期待休假，幾乎是半永久性地持續上班。一想到這地獄永遠沒有結束的一天，我就心情灰暗。

人家說蹲苦窯至少要蹲三年，但我恐怕蹲不到三年，小命就沒了。我已經被逼到無路可走的地步。

那真的是活生生的地獄。不過板場是一個「想逃的人就快逃，沒有人會攔」的地方。此外，板場的字典裡也沒有「回嘴」這個詞，我在那一年，除了「是」跟「對不起」這兩個字，沒說過其他話。

當新人的時候什麼事都很笨，動作也慢，大家忙得要死的時候，你一個新人在旁邊笨手笨腳的反而會給大家添麻煩。不過慢慢習慣後，就會掌握到要訣，這時候就可以慢慢縮短作業時間，睡眠時間也會漸漸拉長。但這道理，我等到過一段時間之後才有所領悟。

有時候師傅或前輩出於為你好的心情，也會刻意刁難，他們覺得「一直沒長進的人，到後來還是無法習慣板場生活，精神也會垮，還不如早早讓他們放棄回老家」。但新人時期根本不會意識到對方的這種體貼，滿心只想著太操了！我不行了！

現在回頭看，只能說我當時是頭殼壞掉。那時候壓力不斷累積，到達極限後我覺得不行了，我一定要從這死地獄裡逃跑！於是我開始計畫，決定「好，下禮拜我要落跑！」

那天我在白色的廚師衣服底下又穿了一件平常的衣服，跟旁邊的人說我要去洗手間，就從廁所窗戶鑽出去，沒命地逃跑。我那時腦中只想著要趕快逃離那地方，完全沒想到之後該怎麼辦，也渾然不見周遭景色。

等終於跑到大阪車站時，我腦中忽然閃現一個念頭，我現在上了新幹線，回到福岡後要怎麼跟家裡交代呢？我人一下子清醒了，回到現實世界。

萬一家裡的人問：「你怎麼回來了？」我要怎麼說？總不能說我放假吧？學徒根本不可能有假，我想破了頭都想不到藉口。

## 走路不要拖拖拉拉看下面！

結果我在車站看了大概四班新幹線列車駛過，我心想算了，還是回去店裡好了，那一瞬間心頭湧上強烈悔意。

「我真是幹了傻事了，回去一定完蛋……」正當我垂頭喪氣地走著走著，忽然有人吼了我一聲：「喂！」我嚇一跳抬起頭，有個人很生氣地對我吼：「當板場的走路不要拖拖拉拉看下面！」我心想我又沒穿廚師衣，他怎麼會知道我是板場？恐怕是我身上散發出板場的氣息吧。

一看，對方穿著和服，他是日本料理界的大人物K先生。「你是哪裡的板場？」「八光。」「師傅是誰？」「杉丸師傅。」「那地方很好呀，怎麼啦？」「我逃出來了。」我這麼一說，他臉上表情不知為何溫和了下來，問我肚子餓不餓，我說餓了，他便說：「好，我帶你去吃飯！」沒想到，他居然約我一起去吃飯。

「你們廚房的人知不知道？」「應該發現了吧……」就這樣邊走邊聊，走到餐廳門口前，他忽然說他有點事，先走了，把錢塞到我手中說：「別怕，你休息一下，轉換一下心情，一個小時後回店裡。」

他大概是在那段時間內幫我去八光說情吧，後來我聽前輩們說，他跟師傅交代：「千萬不要生氣，培養新人也是你的工作。」人就走了。我師傅也因為Ｋ先生特別去說情，下令大家不要對我太嚴苛。

但我本人完全不知道，拿了Ｋ先生給我的錢，想去平常沒去過的地方玩，於是跑到北新地的電動遊樂場，問題是我根本不會打電動，只想著一個奇怪的念頭：自己怎麼這麼跟不上時代呀。接著想到差不多該回店裡了，腳下一時沉重起來。可是Ｋ先生說不可以低著頭走路，於是我又趕緊抬頭挺胸，踏上回店裡的路。

## ✿惡魔們的笑容

我今年五十歲了，但還很清楚記得當年要回去時，那種「難道我真的要回那個地獄嗎？」的心情。那種痛苦、畏懼……，我心想，被揍的話很正常，搞不好還會被揍到沒命。我實在提不起勇氣抬起雙腿，往那個不知道會把我惡整成怎樣的地方前進。那真是我這輩子碰過最恐怖的一天。

可是我也沒其他地方可去，也沒地方睡覺。冷靜下來後一想，我除了料理以外，根本也沒其他條路好走。

要打開店門的那一瞬間，有種自己好像要從大樓頂樓縱身一躍的錯覺，「打開這扇門之後，碰到什麼事情都沒辦法了，我做了這件事，他們無論怎樣對我，我都沒辦法……」那種心情簡直就像是罪犯。

我躊躇著，遲遲不敢轉動門把，這時門忽然開了，前輩們正在裡頭忙。「從剛才就知道你在那兒了，不要扭扭捏捏啦！趕快進來啦！」

我一直道歉，直說對不起、對不起。可是跟我料想的相反，大家居然說沒關係，人回來就好。那一瞬間，我覺得我的人生好像豁然開闊了起來，前輩們對我展露我從沒看過的笑臉，取笑我說他們早就知道我要落跑了，「你底下穿著平常的衣服呀！」又說師傅擔心他在的話我會不敢回來，先提早走了。

「幾個小時前還恐怖得跟惡魔一樣的人，現在居然對我笑……」負責管烤盤的、管炸鍋的、管燉煮的、管砧板的那些人，平常你吼我、我嚷你，現在突然像長年知交一樣一起熱情歡迎我，說：「這傢伙回來了，我們好好慶祝一下吧！」

事實上，那天晚上的伙計餐超級豐盛，讓我不禁懷疑吃那麼好真的沒關係嗎？我覺得我當真體會到了什麼叫做板場的向心力，也就是那時，我初次發願我也要成為板場的一份子。我打從心底想我真的要拚了，我也要當上板場。

## 自己有什麼「武器」？

隔天我去跟師傅道歉時，師傅跟我說：「你自己要怎麼做、有什麼決心，你自己決定。」意思是「從今而後，你打算靠什麼在這一行立足？」

於是我花了一整天，思考自己的武器到底是什麼？**在那之前，我的武器只有我那牛脾氣跟堅持到底的拗性格，但今後我必須再往前踏出一步。我的結論是「決心」。「現在就算死在這邊也無所謂！」就是這樣的決心，把自己逼到那種程度，寧可就那樣死了也甘願的決心。**

當我痛徹大悟，決意「只要能成為一個好的板場，做什麼我都願意」之後，我在廚房裡的日子開始好過很多。應該是因為我自己已經有了底氣了吧？師傅笑著對我說：「你花了十九年才找到自己的路嗎？」

一般料理店的兒子好像十五歲左右就會有這樣的決心了，相比之下，我真是異常駑鈍。我心想「原來是這樣啊？」要在這個世界戰鬥，就得要有自己的武器。

我原本以為我的武器就是我那副牛脾氣跟堅持到底的拗性格，其實我一直都很被動，一點也不積極。後來我一直想，如果我希望事情在我的主導下積極發展，我有什麼東西可以當成我的武器？這也就連結到後來我做「分子料理」這件事。

另外，那時期也是我開始學習茶道與花藝的時期。我其實暗自不爽，覺得廚房裡還有很多事要學，為什麼要叫我去學那些？可是師傅跟我解釋過後，我就理解了。我們料理人不是歌人（日本傳統詩歌形式和歌的創作者）也不是茶人，可是料理人來學習自有意想不到的好處呢。這點我以後會再說明。

## 不是「別人叫我做」，而是「我要做」

回到廚房後的日子依然沒什麼改變，隔天起，依然忙得不可開交，可是我看這世界的眼光已經截然不同。雖然不至於非常輕鬆愜意，可是至少地獄裡已經照進一線曙光。

這麼一來，心境就穩了下來，開始能夠察言觀色，跟嘮叨的前輩接觸時，也會想前輩明明是個開朗的好人，為什麼會對我這麼兇呢？自己靜心觀察，然後發現「其實他那樣說我，是因為我做錯」。我開始想著，那我就把事情做好，不要讓別人罵。

老實說，我這個人在料理上的手腳非常「慢」。因此我改成早一點出門，在前輩們來前就把事前工作準備好，他們問我：「那個好了沒？」的時候我馬上遞出去，「好了、好了」，前輩就會稱讚我：「你這小子還不賴呀。」在人家吩咐我把什麼東西弄一弄之前，我先弄好，身體很自然動了起來，因為「如果我先把這做好，他們要的時候我就可以拿出去」、「我幫前輩把他們的地方也掃乾淨的話，他們一定會很開心吧」。原本以為的「地獄」，不再是地獄了。之前每次被罵，我就很怯縮，覺得自己被欺侮，消沉喪志，但那天之後，我有了很大的改變。

**這應該叫做「轉換立場的能力」嗎？在那之前，我只會從自己的立場去看事情，那天之後，我的觀點有了一百八十度的轉變，開始會從對方的立場去思考，於是世界就變得天寬地闊。當遇到同樣的事情時，也不再覺得是地獄。**

失敗時，我也會說：「對不起，我明天一定會做好，你明天再看看我做得怎麼樣嘛。」然後隔天便用心做，這麼一來對方也會誇我：「你真的要做還是可以做得很好嘛。」

**以前我覺得只是不得不做時，總是被罵：「你根本就不用心！」但我開始思考應該怎麼做會比較好後，便發現前輩們的做事方法其實很有道理，**於是心生敬意，覺得他們果然不愧是歷練得比我久呀。

## 「志向」與「目標」，會影響你能抵達的境地

如果那天沒有遇見Ｋ先生，我不知道會變成什麼樣。我一個人大概鼓不起勇氣回去吧。搞不好會因為不敢回去，而在其他地方換過一個又一個工作。沒有信念的人是不能回到板場這一行的，但我從小除了板場之外，從沒想過其他行業，萬一把這一行走成了死路……。這件事我現在想起，還覺得很驚險。

當時Ｋ先生大概是看不下去我那樣垮著肩膀、垂頭喪氣的模樣吧，至今我依然非常感念他。Ｋ先生，你那時候真是罵得太好了。

有過這一段經歷後，現在我要是看見有人穿著廚師衣就跑到小鋼珠店，我也會罵：「喂，是哪裡的板前哪！」然後我會做一樣的事，好像是提供人生諮商服務似的跟對方說：「不要這麼傻，你還穿著廚師服呢，走啦，我們

去喝杯茶。」或許別人會說那家的社長有點怪，不過我只是想把自己年輕時受過的恩惠，再回報給這社會而已。

**說到底，是「志向」的問題。一個人有沒有「志向」與「目標」，會影響他能抵達的境地。**雖說金錢不是萬能，但我現到看見年輕人收入微薄，就會跟他們分享自己的經驗，並告訴他們，你們也有辦法再打拚幾年後，就把自己的薪水提高到現在的十倍，板前這一行可是值得夢想的行業呢。

第三章

# 將「憧憬」與「夢想」轉換為「目標」

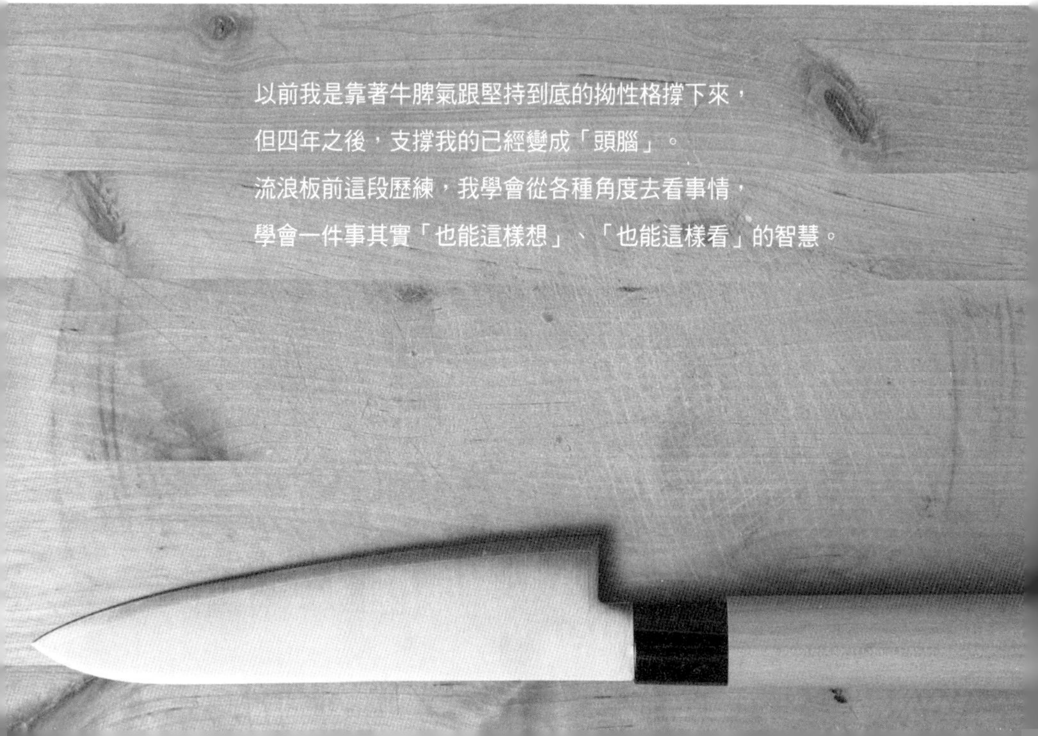

以前我是靠著牛脾氣跟堅持到底的拗性格撐下來，
但四年之後，支撐我的已經變成「頭腦」。
流浪板前這段歷練，我學會從各種角度去看事情，
學會一件事其實「也能這樣想」、「也能這樣看」的智慧。

## ❀日本料理奠基於「陰陽五行」

前面曾經提過，日本料理的基礎，是「陰陽五行」思想。這是中國漢朝發展出來的哲理，認為「世間萬物皆分陰陽」。這種陰陽思想後來又與「五行」結合在一起。「五行」就是「世間萬物乃由金、木、水、火、土這五項要素（也是所謂的「氣」）組成」。「行」這個字，代表「繞行」、「循環」，在這五「氣」繞行循環之下，蘊生出了世間萬物，集結成就出這個世界。

五行會有所謂的「比和」效用，合得來的在一起時會「相生」、合不來的在一起時會「相剋」。同樣性質的「氣」重合的時候，好的情況會更好、糟的情況會更糟。

### 相生

木生火、火生土、土生金、金生水、水生木，這就是「相生」。這種相生展現了一種永恆不斷的循環。日本料理在各種食材與味道搭配上，也有「相生」現象。

**相剋**

木剋土、土剋水、水剋火、火剋金、金剋木。這就是「相剋」。

- 樹木從土壤中吸取養分成長。
- 土壤吸取水分。
- 水可滅火。
- 火可熔化金屬。
- 金屬可以切斷木頭。

因此在搭配料理時，要避免相剋。

**比和**

木與木、火與火、土與土、金與金、水與水，這些同性元素有相乘效果，在一起時作用更強，就是「比和」。當這往好的方向發展，就會「更旺」，往不好的方向發展，便會「更壞」，因此搭配時要小心。

## 五行

「五行」又可以應用在各種方面，配合季節、方位、顏色、時刻、臟器、五感與十二支等，分成五季、五方、五臟、五腑、五味、五官、五星、五音等。

季節上的「五季」是指「春、夏、土用（長夏）、秋、冬」。方位上的「五方」是「東、南、西、北、中」。「五臟」為「肝臟、心臟、脾臟、肺臟、腎臟」。「五味」是「酸、甜、苦、辣、鹹」。

日本料理會配合「五季」去搭配「五味」，以求滋養「五臟」，而得令這一切可以成立的，是「眼、耳、鼻、舌、口」這「五官」。

## 從陰陽思想來搭配菜餚

所謂「五味所入，滋養五臟」，做菜時可以配合你所想追求的效果去設計菜單。另外像一些習俗說法，不能讓身體著涼、產後要保持身體暖和等，也是從陰陽五行思想而來。

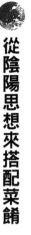

「醋」可以促進筋絡收縮，「苦味」可以消炎，「甜味」可以消緩緊張與中和味道，「辣味」可以暖身及促發排汗，「鹹味」可以中和辣味，促進大便小便，這些都是日本料理應用了五行學說的獨特作法。再細究下去，「鰻魚跟梅干搭在一起的效果不好」也是由此而來。也就是說，宇宙、大自然、人類生活、所有一切都是由「陰」與「陽」來決定。

「陰」是情感、印象等感覺面向的世界；「陽」是思考、分析、理論的世界。應用於料理上，「陰」就是內臟、細胞、組織，「陽」則是由這些東西轉換而來的能量、生命力與活力。

人體的細胞與內臟如果不健康，就會讓一個人沒有能量、失去生命力。從這方向來看，陰與陽其實是一體的，日本料理就是根據這種思想來進行各種搭配組合。

## 讓「分子料理」成為我的「基底」

陰陽五行思想是漢方醫學「藥膳」的基礎，不過近來也被西方醫學納為應用。醫學與藥學領域裡，分成了漢方醫學、西方醫學與運動醫學三種，陰陽五行說對於任何一種都產生了重大影響。

「分子料理」便是奠基在這種思想上，再加上近代科學所發現的「分子」概念，所發展出來的一種料理。當年，我決定把這種分子料理與陰陽五行說試著應用到我的菜色中。

分子料理是從化學層面上去研究「如果把食材加熱或冷卻，蛋白質會如何分解、分子結構會如何結合或變化？」還有「會影響營養素或維生素濃度嗎？」等問題。把分子料理應用到料理上，除了溫度之外，還會研究食材切法、搭配方式等會產生什麼改變。

不過在料理上還是有很多無法單純用科學與化學來解釋的部分。料理要研究的除了技術之外，還要分析一道料理誕生的歷史與文化等背景、食材的搭配會對人類生理上產生什麼影響、菜餚搭配上的整體色澤美感等。要從科學面向、社會學面向以及藝術面向的整體觀點，去分析「飲食」這件事對於人們的影響。而這一切的基礎其實就在「陰陽五行」上。也就是說，要探究料理這個深奧的領域時有兩大思考方向，一個是「陰陽五行說」、一個是「分子料理」。

我相信吸收這些知識能讓我自己的「基底」更為穩固，於是埋首鑽研。當初決定往這方向走，是在十九歲發生了逃跑事件後。我回去後，發願自己真的要當上板場，於是開始認真往這方面研究。

那時杉丸師傅規定我只能花四年時間把這基礎學好。十九歲再加四年，剛好是一般人大學畢業的年紀。杉丸師傅大概是希望我到時已經把底子打好了。不過當然不是四年到了就不用學，學習是一輩子的事，至今我仍在持續學習。

在學習陰陽五行思想上，我很慶幸那時候我也開始接觸表千家的茶道以及池坊的花藝。那些才藝的背後基礎，正是陰陽五行說。而且茶道與花藝，會把一個人個性底層最真實的脾性與態度都展露出來，不光只是風雅、風流的展現，它還能培養你待人接物的態度與待客之道，所以從這面向來講，料理人也應該要學茶道與花藝。

那麼為什麼師傅會給我訂下「四年」這個期限呢？那時我忙得連休息的時間都不夠，可是師傅說：「我給你一天時間，你放假一天好好想想，為什麼我說『四年』。」我心想就為了讓我思考這件事，就放我一天假？為什麼呢？但師傅他似乎覺得什麼事都要從自己想清楚開始。自己不用大腦想，學什麼都不會真的變成自己的。

我花了一天想破頭，可惜沒想出什麼確切答案，但隱隱約約覺得師傅好像是希望我釐清「夢想」與「目標」有什麼不同。

我當然也有「夢想」。我想開家這樣的店、提供這樣的菜色，**可是如果不決定「我在什麼時間點之前要實現這件事」、把「夢想」轉化為確定的「目標」，夢想就永遠只是夢想而已。「夢想」與「目標」的差異，在於一個有期限、一個沒有期限。**

於是接下來，我開始用我這不中用的腦袋思索什麼是「目標」？我試著計算，「如果我要在這時間點達到這個目標，我就必須在什麼時候之前完成什麼」。一旦意識到這點，就會發現自己根本沒時間繼續浪費，開始拚命朝著那目標挺進。

我跟師傅講了自己的心得後，他說：「整體來說是這樣沒錯，但你的經驗值跟見識過地獄的次數太少了。」原來我還有很大一段路要走呢。

## 料理的基礎在「科學」

現今日本料理界裡，最積極應用分子料理的應該是後來關照過我的料亭「吉兆」。

他們很早便幾乎在每家店都設置了能保持廚房衛生的「超酸性水製造機」、集蒸煮烤炸功能於一機的「水波爐」，以及能在蛋白質發生失水現象前以低溫調理好的「真空調理機」。

日本料理一半是由傳統文化建立起來，另一半則仰賴科學。「溫度幾度下，料理幾分鐘能做得好吃」、「蛋白質在加熱超過一百度後會產生變化，導致味道改變」等的分子料理知識是否熟稔，會大大影響一個人做出來的菜餚好壞。

此外，料理是個氣味與味道更重要的世界。一般人常說「料理要靠舌頭品嚐」，其實嗅覺更是左右的關鍵。舌頭能嚐出來的味道只有酸、甜、苦、辣、鹹五種，可是鼻子能辨別出多達三百六十九種的味道。這些微妙的氣味傳到大腦後，大腦會根據味道來判斷「好吃」或是「不好吃」。

最容易理解的例子是啤酒。啤酒其實根本沒有「味道」，它只是一種有顏色、有酒精的碳酸水，可是當我們一大口咕嚕嚕地喝下，它在我們胃裡攪拌過後，氣體衝上鼻腔，我們便嗅到了啤酒花或麥芽的香味，那一刻，我們就覺得「好喝」。像這樣的味道，叫做「餘味」。

一吃下去後馬上就覺得好吃的，靠的是「勁味」。而讓人在一道道品嚐完後，慢慢覺得好吃的菜色，則稱為「滋味」。用餐完了，說聲謝謝，掀起暖簾走出店門的那一刻，湧上了「剛才好好吃呀」的那種感覺，從某方面來說應該可以算是「餘味」吧。

料理人做菜時，要考慮如何把勁味、滋味、餘味這三種味道搭配得宜，其中的「餘味」，可以說是日本料理的風雅精髓所在。

**一入口馬上就讓人覺得好吃的「勁味」，很快就會讓人覺得膩。吃的時候慢慢感覺很美味的「滋味」，也會因為肚子愈來愈飽，而慢慢地覺得太脹有負擔，所以「餘味」才顯得很重要。**「滋味」與「餘味」之間的平衡非常之難，眾所公認在這方面開創出天才表現的，正是「吉兆」。

相反地，完全不在乎分子料理也不在乎料理學觀點，只靠食材本身的是居酒屋。割烹則分成了沿襲「割主烹從」這項傳統意趣的可靠店家，跟隨便胡來的爛店家。

「割烹」這個字來自「割主烹從」。「割」是生魚片或生肉料理，「烹」是燉煮烤類。以「割」為主、以「烹」為從。當天進的食材裡，把好的食材拿來做生魚片，當天生魚片如果用了白肉魚，搭配的燉煮菜餚就用青身魚。像這樣，配合主菜「割」來決定菜色搭配的，就是割烹。

我敢直說，「愈老的料亭愈創新」。無論是專業知識或技藝層面，料亭的料理人都遠比居酒屋或割烹的料理師傅專精多了，價位當然也定得高出許多。譬如一碗天婦羅蓋飯，蕎麥屋可能賣九百五十日幣，但料亭大概要賣兩千五百塊左右。

## 對「錢」報仇

這本書一開頭講過，我想「以金錢的力量復仇」。這種想法最早起因於我在最初修業的料亭「八光」時的經歷。那時候跟我同期進去的人幾乎都是大料亭的公子或大旅館的少爺，我對他們產生了一種近似於嫉妒的情緒。

因為他們離開後，只要直接回去自己家的料亭或旅館就可以了，而且要到一流料亭當學徒，得花不少錢。我父母親為了湊齊那些錢花了很多心思，可是對他們來講，那數目根本就不算什麼。

「修業」這字眼說起來好聽，其實就是間諜。看你覺得哪家店有什麼東西想學，找到跟那家店有關係的有力人士，付點介紹費，拜託人家千萬要把你弄進去，這樣才能擠進門修行，所以也有不少人因為沒錢，即使有心也沒辦法修業。

以我來講，我是靠著父母親辛苦擠出來的錢才能修業，所以我實在無法不羨慕那種啣著金湯匙出生的人。我一度還很鬱卒，覺得這輩子難道都沒辦法趕上他們嗎？

沒錢的話，機會來了也沒辦法掌握，更何況我家還因為錢的事吃足了苦頭。

我父親時常感嘆，因為沒錢，往來的業者都要我們先結帳，不肯採後結方式。最後我們家的店也因為土地收購問題而歇業了。

當時店設在一棟出租大樓裡，遇上泡沫經濟時代的收購潮，整棟樓都被買走了，只好搬家。對方也幫我們找了新地點，可是搬到新地點後又碰上收購，我父母親最後只好真的關門大吉。他們當時也努力想方設法，想繼續經營，可是資金不夠，最後還是只能含淚放棄。我現在一想到那件事還是很心痛。雖然在法律上合法，可是因為錢而被迫失去了自己的店，那種恨，我始終無法放下。

所以我才有了用錢復仇的念頭。那是我父親花了幾十年心血建立起來的店，卻被人用幾近蠻橫的方式導致關門。那是用錢踐踏別人的意志、別人的心志，我那時非常憤怒，可是要與那種情勢對抗，我還沒有力氣。

當板前的有一種性格，「你弄我，我也一定整你」。比如說手上功夫被人瞧不起，就一定要磨練手藝報仇。我也一樣，那時候我決心「現在被錢欺侮沒關係，但有一天我一定要討回來」。

## 回老家時，家已經不在了

我離開八光後，有一段時間在全國各地繼續當「流浪板前」，細節往後再講。就這樣過了四年，我結束了流浪板前生活回到大阪時，福岡的老家已經沒了。我父母親為了要支付我在外頭的生活開銷、答謝讓我去修業的各方人士謝禮，為了籌措這些支持我繼續當流浪板前的費用，只好把老家賣了，搬到大型集合住宅。

人家問說：「你們家怎麼啦？」他們就瀟灑地回：「我兒子都當了四年流浪板前了，還能有家啊？」我非常過意不去。「流浪板前」通常都沒支薪，因為是去人家的店裡偷師，怎麼可能還有薪水呢？哪一行都沒這種好事，沒有人會付錢給小偷吧？所以我只能靠家裡。出去修業，雖然不愁吃住，還是有些開銷，有時候也要去吃當地料理、多方學習，有時也要買書跟參考資料。就跟進了寶塚歌劇團一樣。在寶塚當研究生的人也沒有薪水，得靠父母支援，等有一天能上台了才可能拿到錢。美髮師可能也是這樣吧，剛入行的薪水低到只符合勞動基準法最低薪資，因此大家都拚命學技術，恨不得早點出去開店。

修業的人就是這樣，不管在哪一行。「流浪板前」只是好聽而已，真正能靠一身手藝浪行江湖的人只存在於漫畫裡。那些在全國各地廚房流浪的，都是因為家裡父母異常可靠。尤其是愈厲害的料亭，愈不會收來歷不明的人，都要經過有點頭臉的人居中介紹，說這是誰誰誰的徒弟，才能牽線進去。店家不可能讓一些來路不明的人入門，也所以需要支付相對謝禮給居中仲介的人。

我當流浪板前的時候也是。有次店裡前輩問我：「你是哪裡來的？」我說我原本在某個前輩的地方學功夫，後來師傅介紹我來這兒。前輩聽了說，這樣啊，我們師傅不知道拿了多少嘞？可見得大家對這件事都有點默契。

## 一柄刀走江湖的「流浪板前」歷練

剛開始出去當學徒時，我以為我自己的武器是我那牛脾氣跟堅持到底的拗性格，但那些在自己家裡還管用，到了大阪、東京就不夠用了。有些人才氣沖天到讓你只能咋舌，覺得就算我再努力三倍也追不上。偏偏天才總是比凡人更加倍努力，於是差距就愈拉愈遠了。

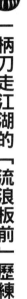

我跟這類型的前輩說，「前輩，那我來就好了，您休息吧」、「前輩，那個讓我做」，可是他們就是要自己做。天才又努力，像我這種凡人根本不可能贏。

於是我去學了分子料理，幫自己增加戰力，但我發覺這樣還不夠。我去找師傅商量。師傅說：「對，你現在這樣根本戰不贏，去學點功夫吧。」於是我選擇了流浪板前這條路。從前有首流行歌《月之法善寺橫丁》，裡頭有一句歌詞說「拿著刀一柄」走全國。

在全國各地當流浪板前的經驗讓我學到了日本各地對料理、味覺的整體喜好，以及各地知名菜色。**日本料理概略來說，可以分成關東、關西與金澤這三大口味。東京的話有淺草，關西有大阪、京都與神戶，都是「飲食重鎮」，金澤也有它獨到的飲食文化。**大家各自都有一脈流傳的鄉土味道。

我到處了解各地有什麼食材與味道，思考如何做出我自己的料理。這樣在東京、京都、金澤、名古屋繞了一圈後，我切身感受到各地不同文化培育出來的各種豐富的飲食天地，而且每一家店不同的經營方式也帶給我很多參考。

可是因為是流浪板前，不能一直待在同一個地方。每次我覺得好像學得差不多了，師傅的移動命令就馬上下來，簡直就像是人在旁邊盯著一樣。「現在什麼情況？」「上個月剛進來。」「現在做什麼？」「管砧板（生魚片）。」

「這樣啊，我下個月再給你打電話。」

就像這樣，每次電話來的時機都精準無比。「現在做什麼？」「剛升上煮方。」「煮方長嗎？」「對，煮方長。」「好，那下個月換地方吧，那家店沒什麼可學的了。」移動命令又下來。

在板前這一行，升到煮方長就算是到頂了。一做到這個職務，你就可以命令下面的人端茶給你喝，自己放輕鬆，只要決定燉菜的調味就好了，其他時間都沒事。手藝好的話，店家還會想把你留下來，給你高薪，問你可不可以一直留下來。我也曾經碰過店家說：「我們貴間公寓給你，你不要走。」

可是我不能不走。剛升到頂，電話就來了，「下個禮拜換到某某店去」。我問：「下個禮拜嗎？」「對呀，我會跟店家說。」

店家當然會慰留，說走了很可惜，我自己也不想走，想一直留在這裡。因為流浪板前不管到哪裡，永遠得從最底層幹起，但這就是我師傅的作法。

雖然每個師傅的作法都不一樣，有些人也一直待在同一家店很多年。可是像我這樣老家是做生意的人，就算做得出一手好菜，若只以一套料理滿足不特定多數客人的喜好，萬一哪天我的菜不受歡迎，我就走不下去了。師傅大概是考量到這點，才會要我儘量多去各地學習。這也是師傅的一片苦心。

我現在在福岡經營十家料理店，也會基於同樣的用心，把徒弟從高級料理店調去一般料理店歷練。如果我覺得這是為了他好、現在應該學這個，我就會毫不猶豫把人調走。我的徒弟也能理解我的想法，從不會多說一句，都乖乖照我的安排。

這種做事方式一直是日本料理界的傳統。對徒弟而言，因為師傅會為了他們的將來考量、幫他們安排，他們也能安心地把自己交給師傅。做徒弟的人絕不會忘了自己是個「正在歷練的人」，絕不會忘卻自己的本分。

## 要活得像人，還是要活得像料理人？

我也曾經遇到過即使要我反抗師傅的命令，也想留下來的地方。以料亭來說，如果碰到無論如何都想留下來的人才，只有一個手段，就是把女兒奉上。

那是我在三重某家知名料亭工作時的往事。有一天，料亭千金到我房裡來，說是女將叫她來。那時候我如果一時被女色迷昏把持不住，就只能留下來了，畢竟情債難還。我心亂如麻，到底該選千金，還是該選師傅？

那位千金在我人生見過的女人裡，算是數一數二的超級美女，同伴們都想得到她的青睞。在我要離開的前一晚，她來我房裡，問我隔天要搭幾點的車，要去送行。我回答說八點的名古屋電鐵，但其實我說謊。我要搭的是早一個小時的車，但要是她來送我，我就沒有踏上旅途的決心了。

後來她寄信來問我那時候為什麼要說謊？我很難過。料亭千金雖然可能是奉命而來，但我真的對她抱持好感，要揮淚斬情絲真的需要氣魄。

更早之前，才十九歲時，我曾經差一點就跟一位在八光當外場的女孩交往。那是我人生中第一次嘗到戀愛滋味。那女孩子真是好可愛，是我們店裡最受歡迎的甜心，前輩們一天到晚也麻紀、麻紀地叫，大家都想得到她的心。

那時我是店裡最菜的菜鳥，做的盡是一些要碰髒汙的工作，深夜還要一個人去倒垃圾。有一次剛好跟她一起搭電梯，我說：「不好意思，我很臭吧？我剛丟完垃圾回來。」她說：「哪有，你是店裡最認真的一個。」然後把自己戴在頸上的項鍊取下來戴在我脖子上，說：「你以後應該會成大器唷。」

我們彼此都對對方有好感，很快就進展到即將正式交往的階段，有天師傅忽然把我叫去附近的咖啡店。板前不能喝刺激性強的咖啡，所以我照舊點奶茶。師傅問：「你在跟麻紀交往嗎？」「沒有，我們沒有交往。」「繼續下去的話會交往嗎？」「大概會吧。」

於是師傅馬上命令我跟她分手。「很簡單，看你是要選師傅，還是要選女人。」

在那之前我已經從廚房逃走過一次，不可能再背叛師傅，但我卻怎樣都沒辦法輕輕鬆鬆就把那句「是」說出來。那時我無論睡著醒著，腦裡全是她的倩影，一聽到師傅那樣講，眼淚馬上落下來。

我無法壓抑自己的感情，只能說聲，「我喝了」，就拿起冰奶茶。那奶茶的滋味我永遠也忘不了，對我而言，冰奶茶就等於是麻紀的滋味。

「你既然選了我，今後你對自己的言行舉止一切都要負責。」師傅說完就走人，我心中湧出怨恨，覺得「你這死老頭！」接下來一連兩天我都無法睡覺，可憐的麻紀則被開除了。我到現在還很不捨，擔心自己是否在她人生中造成嚴重的傷害。

我想我應該一輩子都無法忘記她。當時的回憶至今還依然留在我心底。可是那時我覺得自己不能去追她，因為我一定會牽累她的人生。我還只是個小學徒，無法挺起胸膛，大大方方地去找她。我一直希望有天能再見到她，可是那必須等師傅離開這世界以後。當徒弟的無論到什麼時候都不能違背師傅。不過我真心希望，有一天能與她重逢，向她說聲：「那時候真的很對不起。」

對那位三重的料亭千金也是。我對她說了謊。所以我現在儘可能不想走進三重，除非必要。我虔心希望著，那位千金小姐已經結婚過著幸福快樂的日子。

## 善用分子料理

流浪板前的修業歷練，對我來講也是一段對於「分子料理」的探索之旅。

我開始看得見存在自己眼前的挑戰——必須在四年之內，學會日本料理的各種基礎——從「有職料理」到「本膳料理」、「懷石料理」、「茶懷石料理」、「會席料理」、「精進料理」、「普茶料理」、「壽司」、「日本藥膳」、「山菜料理」，還有「鄉土料理」，再加上我想學的「分子料理」。

學習「有職」，必須去京都，「精進料理」也是京都。「山菜」則要到飛驒高山學，「壽司」當然是去東京學「江戶前」。「精進」料理要到禪寺當修行僧，與僧侶一起生活，置身於精進世界裡揣摩日本料理的深意。

「普茶料理」一般人可能比較少聽說。這是江戶初期從中國傳到日本的禪寺精進料理，其實大家都吃過。在普茶料理傳到日本之前，日本料理中很少用油與雞蛋做菜，後來從葡萄牙傳來天婦羅作法，傳說德川家康就是因為吃了太多天婦羅死的。這種天婦羅跟用葛粉做成的凝固狀菜餚「葛寄」（葛寄せ）、麻婆豆腐等都是普茶料理的一種。

普茶料理是一種模仿肉食的齋菜，比方說把豆腐皮捲起來做得跟烤魚一樣，在日本也稱為「擬製料理」或「擬態料理」。所謂的「普茶」，意指普供眾生，大家一起來喝茶吃飯。雖然不使用動物性食材，但多用油，所以味道也可以做得很濃醇。

這種事情，沒有廚師執照的人可能不會明白，我不知道大家能不能理解，不過寫出來，是因為希望能將好的文化與習慣傳下去，否則日本料理界不會進步。

目前日本有許多居酒屋，可是掛著正統「日本料理」招牌的店家卻少到可憐，再這樣下去，大家都快分不出「日本料理」與「和食」的差別了。

**「和食」是經過不斷淘汰，長久年月中融入我們日常中所有一切料理的總稱。其中，特別重視故事與傳統文化，並且將其昇華於料理中，展現人生觀及季節氛圍的才是「日本料理」。**這我之後會再詳談。

我結束四年流浪板前的生活後，回到大阪時，師傅第一次稱讚我說：「你也歷練了不少呀。」我心想：「真的嗎？」回頭看這一路以來的歷練，才發覺支撐我自己的某種什麼已經有了改變。

以前我是靠著牛脾氣跟堅持到底的拗性格撐下來，但四年之後，支撐我的已經變成「頭腦」。**流浪板前這段歷練，我學會從各種角度去看事情，學會一件事其實「也能這樣想」、「也能這樣看」的智慧。**

不過也因為我妄自尊大，以為自己的頭腦不會輸給任何人，變得很驕傲。過度自信的結果，為我自己招來了災厄。

## 讓客人訓練你

接下來，我去了大阪南街（Minami）一家叫做「京小槌」的割烹店。

割烹店跟料亭不一樣，要接待吧台前的客人，與客人交談。師傅的用心大概是「待人接物從割烹學」吧。

割烹是「割主烹從」，之前已經解釋過。配合做為主菜的生魚片與生肉類（割），去調配做為配菜的燉煮烤物類（烹），這種搭配菜色的方法，便是割烹。幾乎所有來割烹用餐的客人，都比較喜歡單點而不是整套配菜，所以師傅要能夠快速掌握住客人喜好，順應客人的期望推出完美搭配。學會看人、交談、理解人心並呈現在料理上，便是割烹的學問。

我那時正處於忘卻一位料理人必須「好好面對客人」這種精神的階段。我究竟是為什麼要學茶道呢？為什麼要學花藝？為什麼要在全國各地四處修業……？當我意識到自己怎麼變得這麼高傲時，我切身體會到「板前是靠客人培養的」這個道理。我痛切察覺自己並沒有想到「如何把自己所學表現出來」，只會炫耀知識，膚淺無知，於是開始深切反省與思考。

**師傅說：「年輕人活力充沛，吸收知識就像海綿吸水，可是吸收到一定程度後，腦袋裡都是水，知識就變成負擔了。」因為知識會絆住你，讓你發揮不出創思與智慧。**師傅一語斷定，「以你那點腦容量，你也學得太多了，變得光會用腦子想！」於是在割烹店裡，我隨時提醒自己，要以知識為基礎，努力發揮創思與智慧。

就這麼努力，一段時間後我爬到了頂端。

那時候，人在福岡的父親因為腦中風而倒下，家人聯絡要我回去。父親雖然沒有性命危險，但留下了後遺症。我找師傅商量，決定先回福岡。做徒弟的沒有得到師傅允許，絕不能擅自行動。那時師傅大概也替我想盡了辦法，讓我配合福岡一家名為太平洋飯店的開幕，在那兒當料理長。

## 當上飯店料理長一年後就退出

這對我來說真的是得償所願。我本來就很想回福岡工作，畢竟我是福岡人。福岡物產豐饒，如果能在福岡把我從全國各地學到的技術好好應用，我有自信，絕不會輸給任何人。

但我跟屬下的相處出了問題。我的料理經驗豐富歸豐富，但我從來沒領導過別人。之前是因為我身上一直貼著「杉丸師傅最厲害的徒弟」、「杉丸那兒的年輕人」這樣的標籤，大家服的是我師傅的名號，並不是我。

在福岡，杉丸師傅的名號就不管用了，我只能靠自己的力量打拚。我覺得我只是按照自己的工作方式工作，可是工作場所的氣氛卻愈來愈差，底下的人也叫不動。後來底下的年輕人開始抗議，「現在工作量太多了，每天工作時間就是固定的，做不完啦」、「這麼大的工作量，要加薪」講一些我從沒想過的話。我心想，難道社會已經轉變這麼大了嗎？是我太落伍了嗎？一調查，那些人全是剛從廚藝學校畢業後就來飯店工作的人。他們大都對上司講話也沒大沒小。難道我得從講話態度與禮貌開始教嗎？一想到這我就心底鬱悶。

後來辭職不幹的人愈來愈多，廚房根本無法運作，我心想到底該怎麼辦呢，苦惱萬分時，是我們的副料理長出手相救。那是位受過扎實修業訓練的人，會幫我跟底下的年輕人溝通，傳達我的想法，在企業裡面算是中階主管。

可是我那時候一點也沒想過對方的立場，只要一聽到年輕人出言不遜，立刻罵他沒好好帶人，「你是怎麼教的！」底下的員工又會跟他抱怨：「料理長不能這樣做事啦！」他夾在中間，兩頭不是人。可是他從沒說過什麼，是個非常了不起的人。

他會讚嘆說：「料理長這麼年輕，手藝就這麼棒，真的很不簡單。」給足我面子。我也儘量把我會的都教給他，因為「我沒什麼能回報你的，只能把自己會的教你，這件事可以這麼思考、這麼做喔」。那是我對願意幫我帶領底下那些年輕人、把麻煩事攬到自己身上的人所能做的最好回報。

最後人手不足的情況嚴重到無法順利營運下去，我決定自己退下來，用這種方法解決困境、讓一切回歸軌道。如果沒有那位副料理長，我恐怕連一個月都撐不下去吧！「接下來一切都拜託你了，你是料理長了。」我把擔子交給他，離開那家飯店。

那位副料理長比我大了十歲以上，**可是在我們這一行，沒有照年齡升職或終身聘用的制度。這是個只講究實力的世界，我就是這樣爬上去的，才會自視過高、得意忘形而與人衝突不斷，看不見周遭現實。**我是這樣子獨善其身歷練過來的，所以不懂得珍惜別人的存在，才會不到一年就又回大阪。

跟師傅報告過後，師傅輕輕一笑說：「你這麼慢才發現呀？」他一直在等我栽跟頭回去。

師傅問我：「喂，你為什麼會想走這一行？你最初希望自己成為怎樣的料理人？」

我說因為看了吉兆的書，師傅說：「那你就去吉兆。」於是我終於敲開了長年嚮往的「吉兆」大門。

第四章

# 支撐我的「吉兆」料理哲學

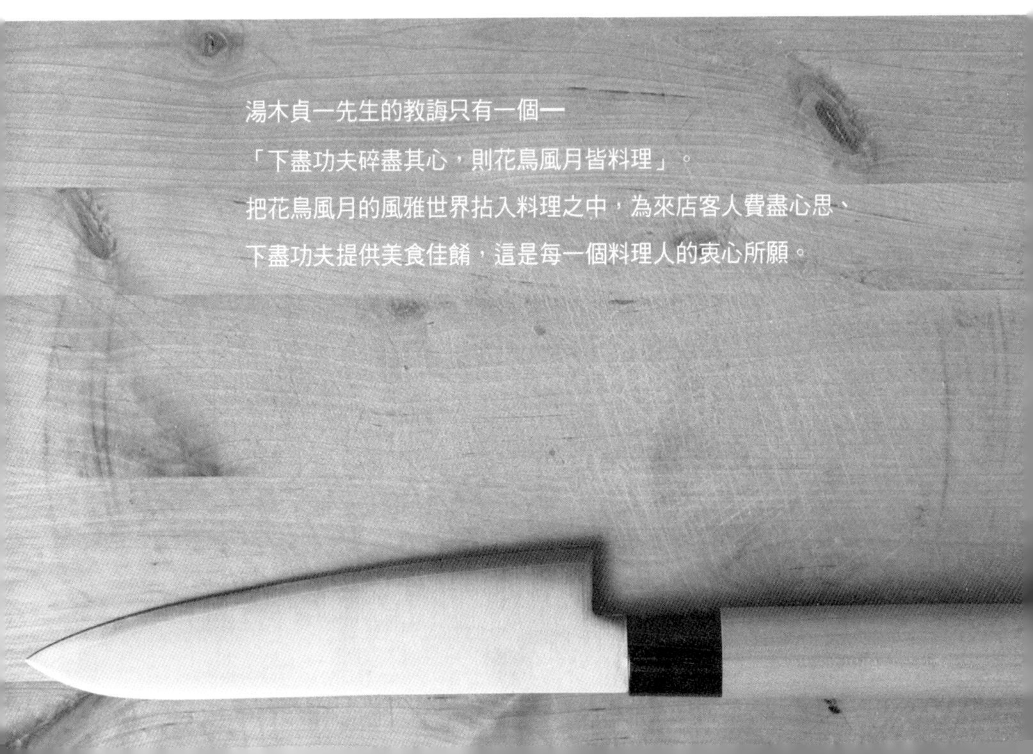

湯木貞一先生的教誨只有一個—

「下盡功夫碎盡其心，則花鳥風月皆料理」。

把花鳥風月的風雅世界拈入料理之中，為來店客人費盡心思、

下盡功夫提供美食佳餚，這是每一個料理人的衷心所願。

## 在日本料理最高峰學料理

不管從前或現在，吉兆一直被評為「日本第一的高級懷石料理店」。這家店由神戶料亭「中現長」的公子湯木貞一先生，於昭和初期獨立創業有成。「吉兆」原本是西宮神社跟今宮戎神社在每年一月舉辦的「十日戎」祭典上，發放的一種祈福小竹條「福竹」上頭掛的那些招財進寶的小吊飾。那個福竹又被稱為「吉兆竹」，店名就由此而來。

日本全國有不少知名料亭，就我看來，沒人能跟吉兆爭第一。

事實上，我一進入吉兆廚房，居然馬上就對其他事情失去興趣。目前吉兆已經發展為全國各地多家分店的集團，我會想，東京吉兆是這麼做，那嵐山吉兆呢？高麗橋吉兆、名古屋吉兆又是怎麼做？

除了吉兆的動向與料理作法之外，我對其他事情完全失去興致。進吉兆之前，我有自信自己是拿命一路拚上來的；進吉兆之後，我這樣的自信完全被粉碎。

之前一路打造起來的武器，沒一個能用的，「知識」與「頭腦」都不管用，我開始思考該怎麼辦才好？我雖然一路把武器從「牛脾氣跟堅持到底的拗性格」進化到「知識」與「頭腦」，可是這些不上不下的武器在這邊都不管用。

我感覺自己必須回到原點。我記起當初對於吉兆的那一份單純憧憬。**如果我純粹只是追求「我也想做出那樣的料理、我也想變成那樣」，純粹只是追求這份「渴望」，不管前輩再怎麼罵我，我也能忍受。**

**我想應該不是只有料理界這樣，運動選手或其他行業應該也一樣。當你對一件事的憧憬愈強，你的韌性便愈高。**

當年我看了湯木貞一這位吉兆創始人的料理作品後，很渴望能「像他那樣」，於是走上這行。當我站在他從前站的地方，心內湧上一股「也許我有機會接近那樣的思想」的感動。

我覺得「錢」是這世界最蠻橫有力的，我一直想對它復仇而努力過來，那時候我意識到，也許憧憬會是這世上能帶給我強大激勵的第二樣存在。

所以我只關心吉兆的世界，其他我都無所謂。不管在吉兆待下來會發生什麼、不管我會處於多艱困的立場，我都毫無怨言。我崇拜它。那時候我很幸福，到現在我依然對它抱持憧憬。

湯木貞一先生的料理被稱為「吉兆料理」，依我看來是跟有職、普茶、精進相同等級的料理。從古老故事中擷取靈感、發展出風雅表現的吉兆料理的思想，絕對站在當今日本料理的顛峰。

## 日本料理基礎的「五法五味五色」

之前已經說過，「日本料理」其實就是在陰陽五行說所發展出來的日本人傳統飲食上，再加入明治時代以後傳入日本的近代飲食融合而成。

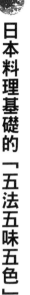

中國漢朝發展出來的陰陽五行思想，一直在日本延續了下來。食材上，奈良時代開始種植茄子、無菁、蔥與納豆，平安時期出現了最早的柴魚乾雛形，鎌倉時代傳入了天婦羅，這時期的文獻也已經確認了有醋漬醬菜的存在。白蘿蔔與碎粒納豆出現於室町時代。江戶時代的隱元禪師帶回了菜豆，人們也開始普遍吃起蓮藕、高麗菜、牛蒡、蕃薯與竹筍。所以日本不是獨自發展出自己的一套飲食文化，而是廣泛受到中國的影響。

到了明治四年，禁食牛肉令解除。在那之前因為受到佛教影響，人們不被允許吃牛肉。接著彷彿隨著這道禁令解除一樣，洋蔥跟秋葵也傳入了日本。還有大家可能也會很意外，白菜、青椒、綠花椰、白花椰其實是到了昭和時代才開始栽種的食材，此外，日本原產的蜂斗菜、水芹、鴨兒芹、土當歸、蓴菜等都是日本料理中常用的食材。

日本料理便是將這些食材精采地搭配組合，體現出符合陰陽五行說「五法五色五味」的料理。

五味是「酸、甜、苦、辣、鹹」，鹹就是鹽鹹。五色是「青、紅、黃、白、黑」，五法是「生、煮、烤、炸、蒸」這五種料理方式。料理時注重這「五法五色五味」，便能在營養與美學上，雙雙達到健康豐富的飲食呈現。日本料理已經獲選為聯合國世界無形文化遺產。跟原本的陰陽五行相比，日本料理其實還多了一個「味」。這個「味」是「鮮味」，是日本獨有的滋味。

料亭之類的餐廳提供餐點時，除了菜色本身，也相當注重食器用具的安排，精心追求讓一切都符合五法五味五色這個目標。人家說「日本菜要用眼睛吃」，除了味覺與嗅覺之外，吃日本菜還要出動視覺、嗅覺及聽覺等所有五感去「細心品嚐」。

## 在一份餐盤上表現季節

在中國與朝鮮傳來的思想基礎上，後來又加入了葡萄牙與荷蘭的外國文化，明治時代後更加入美國與歐洲等各國文化，逐漸轉化成了符合日本人口味的料理，這就是日本料理。

法國的肋排（côtelette）跟日本的天婦羅作法結合在一起後，就出現了炸豬排（トンカツ）。天婦羅是從葡萄牙傳來的，兩邊的天婦羅看似相似，其實並不相同。就算用了一樣的食材，外頭裹的那層麵衣也不一樣。說起來，日本人是很擅長把東西改造成貼合自己口味的民族。

不過我們還是要區分清楚「和食」跟「日本料理」的差別。「和食」原本就是在歲月的淘汰中，一路傳下來、深入我們生活中各種食物的泛稱，所以蕎麥麵、壽司跟天婦羅也可以算是和食。客人會願意掏出錢來，說聲「真好吃呀」，可見得在漫長歲月中去蕪存菁後傳下來的這些菜，確實有出色之處。

而在這一切傳下來的料理中，又特別著重敘事與傳統文化，把一切昇華成為餐盤上的人生觀及季節風情的，則是日本料理。可以說，**全球唯一能在餐皿上展現出「物哀」、「萬物終將榮盛衰滅的哀戚」或「新綠的生命力」、「萌芽的喜悅」等季節感的料理，放眼望去，應該只有日本料理了。**

也就是說，如果我們只能用一種判別方法來區分「和食」與「日本料理」，那麼就是能不能在僅僅一份餐盤上，表現出上面所說的人生觀或季節感了。能在餐盤上具現出風流、風雅與花鳥風月，放眼望去，沒有其他國家再有這種料理哲學。現今能將這種思想表現得最為高尚的，我個人認為就是「吉兆料理」。

靠著只擺上一片已經染紅或染黃的紅葉，讓看的人想到「啊，已經是這個時節了」，這是日本料理。尤其吉兆更是不斷鑽研，務求能讓沒去賞紅葉的客人也能說出：「真是感謝你們，我覺得自己今年好像也賞了紅葉呢。」當知道這種精益求精的態度後，我便獨鍾吉兆的料理哲學，對其他事情全都不感興趣。

## 發現有比金錢更強大的存在

但當然，在吉兆的料理人每個都是一樣的心情，所以我師傅才沒一開始就把我送進吉兆，而是先留在身邊培育，接著把我派去各地當流浪板前，等到最後我準備好了，才把我送進吉兆。他幫我鋪好了該走的路。

杉丸師傅是「南地大和屋」的板前，那裡是大阪最頂尖的料亭，在全日本裡也可排進前三名。除了料亭以外，那裡還有讓舞伎練習的場所，所以也是她們日常的排練場。但連那裡現在也變成了高級公寓，這也是因為收購土地的關係，講白點，就是被金錢的力量整了。所以我才會一直想打敗金錢的力量，這也是原因之一。

我一直認為這世上最厲害的是「金錢」，但其實還有其他東西比錢還厲害。從陰陽五行來看，「水」就勝過「金」。陰陽五行的「金、木、水、火、土」是一種永恆不斷的循環，「木」會被「火」燃燒，燒成了灰後變成了「土」，「土」會形成金屬，金屬又溶於水中。**在現代社會來說，「水」就是不斷流通的「資訊」。所以我想能掌握時代先機的人，才能勝過「金」錢。**

因此在吉兆時，有時間的話我會出去外面，在路上不停地走，試圖感受當前社會的潮流與變化，一直走到腳瘦腿腫的程度，用我自己的眼睛去看、去體會。那時候還沒有網路，想掌握第一手資訊就得靠自己的雙腳。

我帶著這種想法，一邊在吉兆歷練，很不可思議地，我在吉兆的地位也慢慢竄升。當我終於爬到了有重大會議時也會被通知出席的「煮方」這個廚房裡最高職位後，師傅終於頒給我「出師認證」。他說：「好了，以後你可以不用靠我這一套了，靠你自己的菜去拚天下吧。」於是我便踏出了嶄新的一步。

## 正因傳統，更要進取才能繁盛

前面已經提過幾次關於「和食」與「日本料理」的差別，但讀者可能還是有點似懂非懂，很多人也誤以為兩者的差別在價錢。

現在先不管傳統與文化，我希望大家記得的是，日本料理既然收取了客人費用，就一定會把料理人拚命學會的所有專業技術統整成為能端上桌，說聲「請用」的一道道佳餚。跟最近愈來愈多的連鎖店裡，打工仔把菜餚「碰」一聲擺在桌上就走了的那種菜完全不一樣，請先記得這件事。

如果客人在招待特別重要的人或慶祝時稍微放寬預算，來了後覺得「原來這才是日本料理，跟平常吃的和食果然不一樣耶！」我就非常開心了。我希望客人是如此體會日本料理，而這種日本料理的最高峰，便在吉兆。

很多人可能都聽過《米其林指南》。這是法國輪胎廠商米其林推出的用星星評等的指南手冊，特別是紅色書封的餐館與飯店指南最為有名。全世界擄獲了最多米其林星星的國家，就是日本。很多法國人非常努力還是連一顆都摘不到，但只要日本人跑去法國開店，至少也能拿到一顆星星。日本人就是擁有這麼纖細的味覺，所以法國人非常積極地與日本店家接洽。

多年之前，法國跟義大利的牡蠣有一段時期幾乎死絕，那時候宮城大學的教授從日本帶去宮城縣產牡蠣當成牡蠣苗，拚命讓當地的牡蠣產業復活。因此東日本大地震發生後，為了報恩，最早對日本捐款的就是法國政府。有了這樣的交流，日本跟法國之間的往來非常密切，最早在日本把鵝肝、魚子醬、松露用在料理上的，便是吉兆。

吉兆就是這麼充滿進取精神。最早將懷石料理的精神體現在便當上，推出「松花堂便當」的也是吉兆。松花堂便當的正中央有個十字區隔，分區擺上生魚片、烤料、燉菜等佳餚，不僅看來細膩佳美，每道菜的滋味與味道也不能互相沾染。想出「雞肉鍬燒」（以前農民會把野鳥等擺在鐵鍬上淋上醬汁烤而得名，現在則用鐵盤或鍋子炒）這道菜的也是湯木貞一先生。吉兆故意沒把這兩道菜登記商標，因為擔心會讓這兩道菜無法普遍流通。

## 「花鳥風月皆成菜」

當年，湯木貞一先生與夫人兩個人從六疊榻榻米大的空間開始料理店，最早是一家賣鯛魚茶泡飯的鯛茶屋。第二次世界大戰時，政界人物等各界貴客依然上門光顧。戰時政府下了禁奢令，當時在大阪獲准營業的料理店，只有吉兆與另外一家。

這是因為吉兆不但料理出色，對保存書畫名品也用心周到，努力守護傳統。為了讓當時的總理大臣在宴客時不失顏面，吉兆在各方面都竭盡全力。

這樣的努力贏得了信任，料理界裡，湯木貞一先生是唯一獲頒文化功勞者獎的人。（二〇一八年，菊乃井的村田吉弘也年獲頒文化類別的此獎。）

貞一先生辭世之時，總理大臣把內閣官僚全都叫進首相官邸，開會決議頒給貞一先生銀杯，此外宮內廳也送給他三個金杯。

但也有人說「吉兆的料理不夠華麗」，可是江戶時代的貴人與詩人所愛的就是這樣的料理。在這樣的料理上再加添花鳥風月的季節感，讓人得以享受風雅與風流的，正是「吉兆料理」。吉兆的使命就是傳承這樣的文化，我們正是如此被教導的。

守護從千利休開創出來的料理傳統，將其轉化成現代口味，添上花鳥風月的風情，並改變下刀方式，以求讓菜餚入口時更方便，不斷切磋琢磨、永不停止求新求精的，就是吉兆。湯木先生的這種精神，目前由其孫兒輩的德岡邦夫先生承繼下來。

## 一片葉子也是料理

一句「花鳥風月」聽來簡單，其實吉兆非常努力於將古代文人與詩人所生活時代裡的風雅與風流正確傳達出來。它也是想體會這樣世界的人必造訪之地，因此三十疊榻榻米大的房間，只收四位客人就算滿座了。

每次整理庭院都是一大筆開銷，庭院的枝椏形態、葉片的增減照顧，每星期都要整理兩遍。掛軸、掛飾幾乎全是國寶，甚至還成立了一個公益財團法人湯木美術館來收藏。放器物的倉庫也有好幾個，裡頭保存了無數收藏在桐箱裡的名品。

湯木貞一先生的教誨只有一個——「下盡功夫碎盡其心，則花鳥風月皆料理」。

把花鳥風月的風雅世界拈入料理之中，為來店客人費盡心思、下盡功夫提供美食佳餚，這是每一個料理人的衷心所願。

比方說，花費心思準備了雞肉料理，結果客人說：「哎呀，我對雞肉過敏，不能吃。」此時，你一番苦心彷彿如同波浪打上岩石一樣破碎，可是只要你這道菜是認認真真下盡功夫去做的，那便無所謂。這時候，你的心境便已經是「花鳥風月皆料理」了。

這句話是告訴人，即使碎盡齊心，也要朝著料理的大道前進。

「世間萬物，即使是一片葉子也是料理。」吉兆的每個人在料理時，都把這銘記在心口上，所以就算客人說：「我不喜歡吃這個。」我們也能拾起碎落的心，繼續為這客人竭盡心思製作符合他口味的菜餚。

## 吉兆廚房全是怪咖

我進了吉兆後嚇了一跳，因為那裡的人全是天才。

我花了三年才想出來的技法，有人問：「渡邊啊，你這怎麼做的？」我示範了一次，對方馬上就學會了，讓我這個教的人反而啞口無言。

有一個技巧我到現在還不會。以前那裡有位前輩可以在切菜剁剁時，卻完全不碰到砧板，「用力到會發出聲音，你刀子就傷到了，砧板也會傷到，所以刀一落到砧板的瞬間就要收回。」那位前輩說完繼續輕快地切切切，刀子沒碰到砧板，但菜都漂漂亮亮地切斷了。

這種時候我就會拿起砧板跟刀子跑去別的地方切，因為不想在這種人面前做同樣的事。那種人是天才，他們的技術會讓你懷疑：「到底是怎麼辦到的？」而且天才往往都比凡人努力一倍。一般人的努力根本無法追上，一開始我還曾經不太喜歡待在這種天才的旁邊。

舉例來說吧，廚房裡調味的水，通常會放些釘子或稻稈進去，讓水比較接近鹼性。以前的老婆婆都這麼做。因為鹼性水比較軟，調味時比較容易決定味道。有一次我準備好了調味料，請前輩調味。前輩說：「好，我來調。」但之後又說：「咦，快下雨了耶。」前輩中也有這種「人體天氣預報台」，結果真的如他所說，幾小時後就開始下雨了。「那這個味道不行，等一下客人來時濕度應該就高了，我們調味要改淡一點。」聽得我在旁邊好生佩服，心想他的感官到底怎麼回事啊？

之前我說過，當板場的每一個都穿短袖。人的皮膚感官中，頭部最敏感。所以很多板場都會把頭髮剃得很短，因為這樣可以很容易察覺等一下會下雨或今天濕度很高等，能打開你的感受性。料亭或天婦羅店的師傅會把頭髮剃短，配合天氣去做細膩調配，譬如「今天這種濕度，麻油多用一點」或「稍微多放一點菜籽油」等。

第二敏感的是手臂，所以板前都穿短袖或七分袖。大家結束休息時間上工前，一定會先出去外面感受一下外氣，感覺「今天是好天氣」或「今天濕度有點高」，配合著改變調味。

因為是用全身去感受濕度、斟酌調味，有時候前輩會說：「晚上會下雨喔。」便改了味道，我心想「明明就是好天氣……」可是等到客人上門時，真的下雨了。我們負責爐台的煮方就有這等高手，簡直像是有超能力或仙人似地。

也有負責顧油鍋的前輩，一天到晚站在油鍋前，不停炸炸炸。那個人手邊的食材用完了後，不管身邊有什麼都會順手拿來炸，所以我們常開玩笑說，千萬不能把自己的私人物品放在那位前輩附近。

## 最頂尖的高手齊聚一堂

吉兆就是這樣，聚集了許多擁有強烈性格與意識的高手，大家對於某件事總有「這件事情上，我絕對不要輸給任何人」的意識。**跟這些高手共事，我的意識也逐漸提高，等站到跟他們一樣的位置時，我便能了解他們的**

心情。

像是顧烤爐的專家說，烤香魚美味的訣竅就是香魚要用炭火烤七次；魚頭多骨頭，要烤得像炸過的一樣；魚肚裡有內臟，要烤得多汁；尾巴則要烤得酥脆。除此之外，有人拚命研究細節，對著炭火往這個方向烤一分鐘，反過來烤三分鐘，這邊再烤四分鐘，總共分成七個角度烤，花費苦心研究要怎麼樣才能烤出完美的香魚。我到現在還做不到。

像這樣的頂尖高手群聚在吉兆裡。技術上，我再怎樣也比不上這群人，還好千幸萬幸，我還有分子料理。

日本的食品標示法規定把每一樣食材的卡路里加總起來，紅蘿蔔多少卡路里、南瓜多少卡路里，就能計算出總熱量。可是卻沒計算食物蒸熟後會變成多少卡路里、油炸過後是多少卡路里、炒過後多少卡路里等，所以菜煮好後的卡路里，跟營養師算出來的卡路里數值完全不一樣。

以我來說，我會思考「蒸完後會變這樣」、「用一百度蒸的話，蛋白質會分解，胺基酸不會鍵結在一起，如果改成九十五度呢？」於是鮮味就吊出來了，維生素含量也會增加，蒸完後再去烤或炸的話就可以壓低卡路里。我會這樣去設計搭配自己的菜餚。

在湯木先生所說「對料理的苦心」中，分子料理就這樣派上用場，給我很大的助力。

## 想更接近湯木先生的思想

我進吉兆時大約三十歲出頭，心中當然有點忐忑，擔心自己那一套不知道在那裡行不行的通。我一進去就是稍高一點的職位，年紀也不算輕，萬一做得不好，當然就沒得混。如果人家覺得「什麼呀，連這都做不好？」我就只好自己離開。但我無論如何還是想進去，這種嚮往戰勝了怯弱。

我拚命地學，其他板前的事對我來講根本無所謂。我一心一意只想更靠近湯木貞一先生的理念。我真心感謝他們願意讓我在那裡工作，做著貞一先生以前做過的事。我在吉兆有種活著的感覺，帶著這樣的感覺把自己的熱情揮灑在料理之間，跟周遭的關係也莫名地變得順利起來。

我剛進去時，其他人一定是覺得「這傢伙哪來的？一進來就在我們上頭……」所以我要他們把熬完湯頭的昆布扭乾後，放進油鍋炸，他們便不認同地問我為什麼。其實把熬完湯頭的昆布扭乾後炸，是湯木貞一先生想出來的一道很有來頭的菜。

「不是啦，這不是我發明的，是貞一先生說過的作法。」我解釋。「大家應該都很忙，不過有時間的話可以翻一下《今日的料理》裡面那些菜，那一期的那一頁可以看一下。」這樣分享後，他們也直爽地點頭道謝。

**大家都想學習、都想變得更好，只要我好好說清楚，對別人的成長產生幫助，別人自然也會對我打開胸懷。**我們就這樣一起練習湯木貞一先生以前做過的菜，在這些練習之中，也獲得許多新發現。

只不過，吉兆的廚房畢竟是全日本最奇怪的地方，板場一個比一個頑固。但我真心希望這種固執可以一直、一直被保留下來。

## 在朱夏找到必須做的事

中國古典思想裡，把人生分成四個時期。

「青春」、「朱夏」、「白秋」與「玄冬」。詩人北原白秋的「玄冬」就是由此而來。「青春」是到大概二十歲左右，朝氣蓬勃，對將來充滿希望，人生的方向還沒固定下來。「朱夏」是二十到四十五歲左右，正是人生鼎旺期。接著到六十五歲為止的熟年期屬於「白秋」，回首人生，人格也有了深度。到了晚年則是「玄冬」，也就是所謂邁向終老的時期。

回首我自己的人生，我青春期時不曉世事，只是一個勁悶著頭往前衝。還好到了朱夏時期遇見好師傅，在歷練中確定了自己的方向。現在則過了朱夏，進入白秋。

我覺得如果能在朱夏時期找到「自己必須要做的事」，這樣的人便可以迎來更安穩的白秋。

**能夠在朱夏時期建立起「覺知能力」的人，會迎來更充實的白秋期，然後就能更進一步確保一個更美好的玄冬。但如果朱夏時期當一個什麼也不做的尼特族，當然無法迎來寬心的白秋了。如果本書讀者中有正處於朱夏期的人，請你們務必全力以赴，面對自己的「當下」。**

## 學會「領受」的精神

說來可能有點不知天高地厚，我在人生「青春」期的十八歲時，某種程度上已經學得一身好技術，可是我的「心」卻跟不上我的技術。年輕可能就是這樣吧。

那時我在大阪的料亭「八光」學了茶道與花藝，對我後來的人生產生莫大幫助。另外因為料理人要會寫菜單，我也學了書法。學會花藝或茶道之中的「領受」精神，對我有很大的助益。

學日本料理時，有很多項目要一項項依序學習，譬如有職料理、本膳料理、懷石料理等，學茶懷石，就要對茶道有點心得，學本膳料理，就要學花藝、繪畫，了解色彩與透視法等，以便培養盛盤時的美感。

日本料理又被評為「觀賞的藝術」。生魚片又有一個稱呼法叫做「造身

／お造り」，這字來自於「造里」。生魚片盛盤的原則是「真、副、對」，比方說把「有山有谷，有水流過，水旁有人家」這樣的山里意象帶入盛盤之中，在擺放鮪魚、鯛魚或比目魚這些魚片時，依照這樣的原則去擺。可是山里風景會隨著四季變化，要展現出這樣的色彩轉變、季節流轉的感覺，便要先磨練出一顆風雅的心。

日本料理在出菜時，基本上會依照下酒菜「八寸」、生魚片「造身」、湯品「御椀」、燒烤「燒物」、燉菜「焚合」、涼拌「醋物」、蒸菜「蒸物」、飯、湯、醃菜「香物」、飲品「水物」的順序上菜。一開始端上來的「八寸」，據說是知名的千利休居士在看了京都洛南八幡宮的神器後，得到靈感而創作出來的。原本是指尺寸為八寸的杉木方盤，後來被引申為放在這種木盤裡的下酒菜。

千利休認為，在擺放八寸時，「不應過於刻意，要擺得像原野上的花一樣自然」，這才是真意。所以我們擺盤時也要儘量不過度拘謹，善用食材原味來表現，讓看到的人感動。要培養這種感受性，便要從茶道與花藝中陶養。

初學者通常一星期會去老師家上一次課，等學到一定程度後，便各自往喜好的方向發展。我那時候因為想學分子料理，便選了化學，其他想認真學習茶道與花藝的人則會正式拜師入門，一路鑽研直到拿到家元（各流派掌門人）證書為止。

## 沒有感謝之心，「修業」就成了「勞動」

學習茶道與花藝的原因，除了要學習它的思考方式與作法外，更要學習「領受」的心態。

想要擁有「感謝你讓我做這份工作」的心態，去學茶道或花道這類文化，會較快學得感念別人。

假如有一個老闆跟屬下說：「你要感謝我讓你做這些工作。」屬下一定會覺得你在開什麼玩笑？但若是屬下是個懂插花的人，他便會很自然的覺得自己「領受」了這份工作，應該要感激。工作又不像上學，還得付錢請人教，邊工作邊學居然還能賺點錢，這麼想便會覺得應該感念。

還有，不管是什麼工作，「領受了金錢」這件事就代表有人「感謝」另一方，才會有付費行為產生。金錢是雙方面互相感謝「謝謝你做得這麼好」、「感謝你給我這個機會做」的心情所展現出來的對價表現。要切身體會這種心情，茶道與花藝非常有幫助。

**不用付錢學，還可以收一點錢，心存感激，好好做事……隨時切記這種感念的心情，便是「精進」。如果沒有這種心態，做什麼都不會成為「修業」。一直做得要死要活、不情不願的，只是「勞動」而已**，要打從心底感到感謝，才會有「感恩你給我這個機會修習」的念頭，所以板前必須要學茶道與花藝。

## 期望今後板前能懂得日本美德

當然，學茶道與花藝不用學到專精，不懂其中精髓沒關係，只要確實培養出「感謝讓我做這份工作」的領受之心，就很夠用了。

有了這份感念的領受之心，就算從早工作到晚一直沒休息，也不會覺得苦，更不會抱怨「工作太累」。你會覺得「真好，讓我有機會做這個，我還想再多做一點」，變得積極向前看。

這種進取之心一定會被老闆賞識，覺得「真不好意思啊，工時這麼長，辛苦你了」，你也覺得「不會呀，我做得很開心」，兩方的心意便互相契合，成就出一段友善關係。

對方說：「真不好意思呀，這工作很辛苦。」的時候，你回道：「不會呀，我很高興有這個機會做。」這樣的話雙方一定不會起爭執。這就是日本人的美德，所以我希望今後的板前也要學習茶道跟花藝。

另外，學習茶道與花藝連帶也會接觸到「喫茶去」（禪語中最為人熟知的用詞，代表「去喝茶」，是點破對方迷思的字詞）這種理念進入日本的緣由，也會注意到像花藝流派的池坊流的三角形花型「真、副、體」，其實就跟我們料理盛盤時的擺位、利休八寸的擺法是一樣的。這些原本都是從陰陽五行發展而來，而我們也可以從料理人的立場再進一步去抒發表現。

## 別人「休假」就是自己的良機

有些人會抱怨修業時的薪水太少、想放假、想玩，我完全無法理解這些人到底在想什麼。我總覺得：「提供自己一個修業的地方，教自己技術又供吃住，又讓自己做自己喜歡的工作，這樣還要抱怨？」因為我知道，只要學到一身好功夫，出去外面後隨時都可以賺到高收入。

**我總是期待「想休息的快休息，把工作讓給我，我要多做一點」。只要是想早點獨當一面的人，應該都有一樣的想法**。比方說明天有個前輩排了休假，吩咐你：「明天我休息，你把這個做到什麼、什麼程度。」你回答知道了。隔天去廚房時卻又看見他。你問他：「前輩，你今天不是休假嗎？」他說：「我心情上休假呀⋯⋯。」

因為他心情上休假，他那天待在廚房裡的心態就輕鬆一些，沒有負擔。你很想接手他的工作，所以冷冷告訴他：「前輩，你今天早點回去吧。」可是他怎樣都不回去，一直待到最後，還輕鬆自然地說：「今天休假真好啊，工作得好順利。」一想成為一流料理人的人都是這樣，沒人敢怠慢。

要是那個人放假了，我就可以試試他的工作，真希望他趕快放假啊。可是儘管我再想做那份工作、想試身手，他不放假，我也沒輒。

其實，我也會做出一樣的事。我會說：「明天靠你啦。」結果明天一到，我又去了廚房。因為不想自己的事被別人搶走，萬一那個人做出來的結果獲得大家讚賞，那就更討厭了。況且對於自己被賦予的工作，我也有一種必須負責到底的職人魂。

我這種想法可能跟現代年輕人背道而馳吧。我沒有所謂要「喘一口氣」的概念。我心底當然對於何時「該用力」跟何時「不該用力」是有區別的，但那是為了改變環境、為求進步。畢竟現在我成為經營者，要提供底下的板前一個比較舒服的工作環境，不能逼他們太緊。可是說真的，現在絕對還是有打死不想休息的年輕人喔。

## 不是天才更要埋頭苦幹

我人生朱夏期的顛峰，從在大阪、東京、金澤、名古屋累積了不少經驗後，回到人生因緣之地的福岡開始。那是離今天十四年前的二〇〇四年，我三十六歲的時候。

到那之前，日本料理該學的我幾乎都學過了，包括壽司、鱉龜、海鰻類也碰過了，就剩河豚料理還沒學。於是為了學河豚料理，我從福岡搬到大分，因為全日本河豚消費量最多的就是大分縣。可是我在那裡沒有半個認識的親朋好友，不過如果我先到料理店裡去當底下的實習學徒，我就混得進去。於是我選擇了這條路。

透過據說是大分最具規模的料理店介紹後，我進入一家叫做「紙風船」的料理店。一開始當然又被派去掃洗跟打雜，我心想，大概要過多久才混得到料理長呢？我邊認真工作，一心就是想著要接觸河豚。

從結果來說，我在半年後升到總料理長，最後一天要剖殺的河豚就有七百人份。就靠我一個人。大分每天剖殺的河豚量非常多，每天都是一百公斤、一百五十公斤這樣流通到市場上。我真的很高興自己能一直剖河豚……。

**像我這種怎樣都算不上是天才的人，想磨練手上功夫，就只有比別人多練習很多倍**。我學習河豚料理一直到我自己滿意為止，共花了三年。在那兒當了三年料理長後，最後還升到那家公司的課長。

接著因為已經滿足了，我覺得自己不管去到哪裡都不用擔心會丟臉，便回去福岡。

第五章

# 從板前到經營者的意外之路

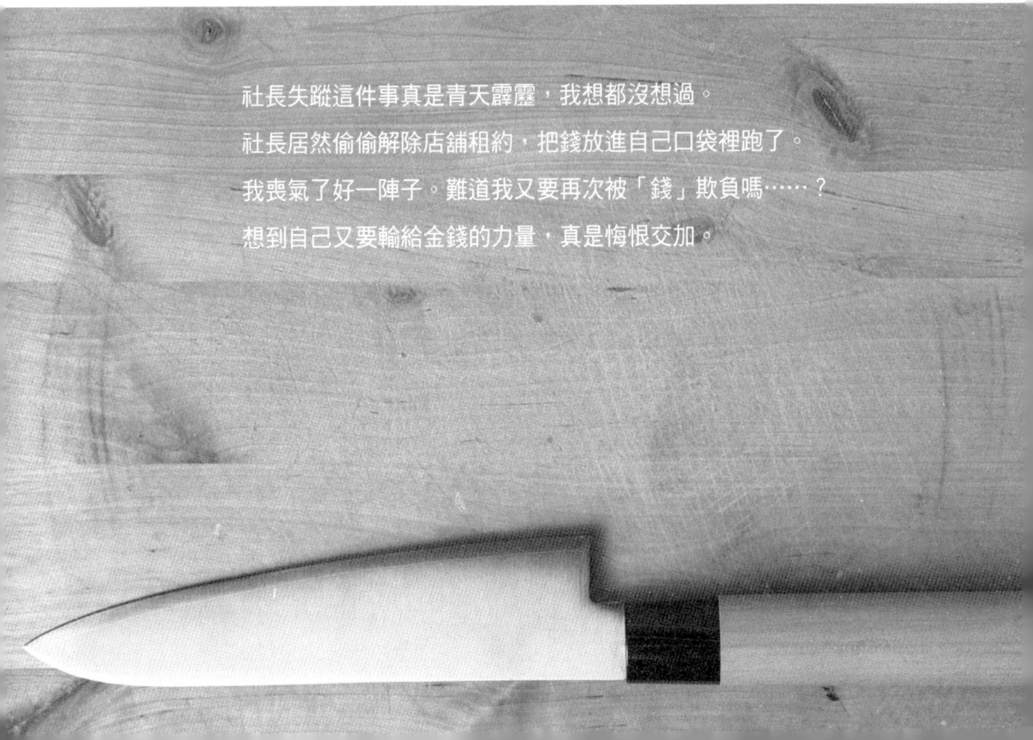

社長失蹤這件事真是青天霹靂，我想都沒想過。

社長居然偷偷解除店鋪租約，把錢放進自己口袋裡跑了。

我喪氣了好一陣子。難道我又要再次被「錢」欺負嗎……？

想到自己又要輸給金錢的力量，真是悔恨交加。

## ✿社長跑路

我在福岡飯店因為幹得不順利而被迫離職時，一直挺我的副料理長當年四十三歲，他的恩情我一輩子也不會忘。

後來我自己也到了他當年的年紀，成了該擔起培養年輕人才責任的世代，不能再一天到晚老追求「我、我、我、我」，該是撐起年輕人，成為他們的支柱了。

我對這件事很有自信，因為我不單是個料理人，我還是個在流浪板前歲月中看過許多料理店經營方式的料理人。

一方面也是因為這樣的心情，我在大分學完河豚料理後，便回到故鄉福岡。我調查了一下福岡的餐飲業狀況，刻意不選擇有名的店家，反而找了經營有困難的店，從底下的活兒幹起。我認為這樣的店最適合我大展身手，能把自己一路歷練得到的料理技術及日本料理精神，以及看過三十六家料理店的經營方式後，吸收到的心得活用在工作上。

結果我大約兩個禮拜後就升到總料理長。社長看了我工作的樣子後說：「以後進貨、人事、經營甚至金流都交給你管了。」他燃起了一線希望，覺得這樣下去應該有活路，他想再把店做起來。

我當然樂意之至，於是決心把自己歷練得來的所有一切都用上，等我一回神，我們店已經變成福岡最大的料理屋了。

我進去時，那家店才只有四間店鋪，在六年裡擴大成二十間，平成十三年（二〇〇一年）已經成長為營業額超過十億日幣，毫無疑問是福岡最大的料理店。

身兼總料理長與副社長的我，因為這福岡第一，也就是九州第一，的身分非常受捧，當時我們的營業額是全九州的小型割烹部門第一名，可能我一不留神，又變得目中無人了，失敗果然又等在前頭。那是自從在福岡飯店當總料理長失敗之後，我想都沒想過會碰上的難關。

我們社長居然捅出一大筆損失，然後人失蹤了。

我們可是人稱「福岡第一」的店，當然不是因為經營虧損造成赤字。我那時候怎麼會沒察覺呢？都怪我太輕忽大意了，沒有看破一個人突然變有錢後的心態轉變。

現在我仔細回想，那家感覺隨時會倒的小店在我剛進去時，社長總是穿著T恤、牛仔褲，開的是小型車，辦公室就設在他家裡，也沒冷氣，一忙起來，社長也會跟著大家一起洗碗。

可是後來他搬到福岡最貴地段的赤坂，住進豪華大廈，另外還蓋了間雅緻的房子，把他母親從熊本老家接過來一起住。他開著BMW招遙過市，穿的是亞曼尼西裝，戴的錶是法蘭克・穆勒（FRANCK MULLER），完全就是貨真價實的暴發戶。

那時我從旁冷冷看著，心想原來人忽然有錢就會變成這樣啊，但等到他跑路了之後，我才驚覺蹊蹺。

## 又要被「錢」欺負了嗎？

其實早在一陣子之前，員工們就對社長的不滿聲浪愈來愈高，可是我總是說沒關係啦，大家稍安勿躁，徹底扮演安撫的角色。

我那時雖然是副社長，可是沒有公司董事的權力，可以說，就是這件事做錯了。

「渡邊副社長，我們在這邊是因為你。」員工願意這樣說，我很高興，可是我這人重俠義，不會踩著別人的屍體往上爬。但當時真的雜音太多了，我曾跟社長本人確認過。「社長，有一些流言說你把錢拿去亂投資，真的嗎？」「誰亂說？我一直把公司跟員工擺在第一位。」「所以那些消息是假的？」「當然是假的。」

於是我跟社長保證說：「既然你這麼說，不管外面怎麼亂傳、員工怎麼說，我都會壓下來。」沒想到，結果我居然被背叛得那麼徹底。

我每天抓著頭覺得我真是沒有識人之明，喪氣了好一陣子。我想到，難道我又要再次被「錢」欺負嗎……？我這一路以來已經吃了不少錢的苦頭，這麼努力地想復仇，想到自己又要輸給金錢的力量，真是悔恨交加。

## 我就是沒辦法逃躲、閃避、拖延

社長失蹤這件事真是青天霹靂，我想都沒想過。店的預約已經排到一個月以後，可是社長居然偷偷解除店鋪租約，把拿回來的錢放進自己口袋裡跑了。

這種事我們怎麼可能知道？我依然照樣進貨、照樣準備午餐出菜，有天我正在切著生魚片時，忽然有人說：「有你的電話。」我拿起來聽，對方說是房仲，我納悶房仲找我要幹嘛呢，沒想到對方居然說：「請你們馬上搬離。」

我趕緊去查，才發現社長已經不見了。我腦中一片空白，這樣下去，店也沒辦法營業，預約的客人該怎麼辦？最嚴重的是，所有員工都要失業了。房仲給我們的搬遷期限只有一個禮拜，銀行丟來的債務償還期限則不到一個月。

我感覺這次真的要沒路可走了，打了通電話給杉丸恩師，恩師這麼跟我說：「你是板場哪。」板場的基本道理就是「不逃、不避、不拖」。我一想起了這三大「不」，就覺得自己沒路可逃了。

「雖然不知道接下來會怎樣，但我絕對不逃！」我想起自己十九歲時從料亭逃跑的那一次，從北新地要回去曾根崎新地時的心情，忽然覺得「這次哪有什麼啊！」那一次，才真的嚴重。

拜社長所賜，我那時已經有了經營上的實務經驗，因為我曾代替他四處跑過很多地方，法務局、職訓所（Hello Work）、勞動基準局、稅務署等，學到很多經營者所需的實務經驗，所以即使面對破產危機，我也知道該辦哪些手續、該去哪裡遞交什麼文件等。

我立刻成立新公司完成登記、跟銀行協商，需要的地方就用現金支付。之所以能以這種非比尋常的效率完成該辦事項，都是因為我在副社長時期累積了經驗。如果我只當過板前，我那時可能很快就被浪頭捲走，公司的員工恐怕也就失去依靠了。

不過要在還不到一個月內籌到一億幾千萬的資金，不是一件易事。那時候我的戶頭裡只有二十二萬日幣，因為店裡要用的餐具跟器材，都是從我的口袋裡掏出錢購買的。

我們社長跟個外行人一樣，跟他說：「我想買這個餐具。」他會覺得「錢花在這種地方要幹嘛？」立刻拒絕。我無法可想，只好跟下面的人說：「我付啦，你們去訂。」新展店的店鋪要用的器材我也自掏腰包。每一次都要五百到六百萬日幣。我那時的想法是，只要工作認真，錢再賺就有。

問題是，我的帳戶裡就只剩下二十二萬，腦袋一片亂糟糟，甚至忘了該怎麼計算，「要籌到一億五千萬的話，我還缺多少？」

之前我當成闖江湖招數的，有「牛脾氣」、「堅持到底的拗性格」跟「憧憬」，但現在完全失靈，沒招可使，可是「頭腦」跟「創見」或許現在可以當成我的武器？我要仔細想一想該怎麼使用這些招數……。

我跟員工說：「不好意思，給我半天時間。」然後跑去禪寺坐禪。

料理人在學精進料理時，要到禪寺修行，潛習坐禪。之所以要坐禪，是為了要「剖析自己」，畢竟真實的自己只有自己才知道。譬如「雖然大家對我的評價還不錯，其實是因為我想出鋒頭，刻意展現出好的地方」、「我有時會撒點小謊，想讓事情往自己希望的方向發展」，**把自己的這些弱點分析出來，便會更清楚自己這個人是由「哪些特質」架構起來。這麼一來，便可以強化你的戰術，決定「該怎麼克服弱點」、「該如何強化武器」**。所以我一陷入困境、看不到出口的時候，就會去坐禪。

那時候也一樣。身旁的人可能以為我忙著到處調頭寸吧。我那時候坐禪得出的結論是，我還是決定用自己的「頭腦」與「創見」去搏一搏。

## 靠老朋友幫忙，總算度過第一道難關

我已經不想再被錢擊倒了，可是要怎麼樣才能把「孔方兄」拉到我這邊來呢？能不能成，事關路是被我走活或被我走死。

我拚命籌錢，最後在一個月內籌到一億幾千萬日幣，順利把「孔方兄」拉到自己這邊。我跑到大阪調頭寸，最後以募資方式籌到資金。「渡邊好像有困難，大家幫一下！」傳單在大家之間轉來轉去，結果每個人平均拿出約一萬日幣。

這筆資金讓我買下一半店舖，共十間。社長跑路時帶走所有進帳，所以也沒錢付薪水，我先支付員工薪水，再把債權結清，對方說多少，我就付多少，用現金結。債務上，我個人擔保的有四千萬日幣、勞動債權有一千七百萬日幣。

事發突然，我沒時間去找保證人，就去請託保證協會幫忙，打定主意能靠錢解決的，我就靠錢解決。

店鋪現在只有從前一半，十間而已，多餘的員工我也沒打算要炒掉他們。如果全部雇用，人事費用會大幅提高，但只要把營業額拉高到從前的兩倍就好了。這聽起來有點像是打腫臉充胖子，可是要擬定出把營業額拉高兩倍的策略與戰術，靠的也是「大腦」。

破產的消息已經在福岡網路上流傳開來，新聞也被刊登在官方報紙上，很快的，醜事就傳了開來。可是很感謝的是，靠著話題順勢發酵，「那家店好像倒了耶」、「可是之前還在開呀」、「沒有啦，我昨天才剛去過」，我們前後銜接的空白時間得以壓縮到最短，一切都拜迅速反應所致。

## 勒死自己的覺悟

就算把營業額拉高到兩倍，一家剛成立不滿一年的新公司，銀行還是不會貸款給你。我們的收入就只有每天的營業額而已，員工又太多。那時候每個月收入三千七百萬日幣，可是支出就高達七千六百萬日幣，每個月都會產生將近四千萬日幣的赤字。一般來講，就算再怎麼努力，這樣一兩個月下來，應該也會想放棄吧。

我也一度失志地覺得「天哪，再這樣下去我該不會要勒死自己了吧？」每天都有莫名其妙要支出的錢，現金收入根本緩不濟急，一到月底又要付薪水，進貨的帳款也得用現金支付才行，這一切真的是地獄。我心想，原來一個人想落跑就是在這樣的時刻。

板前這一行是上下關係，所以我底下有些人是我的徒弟，但還有一半是員工。這些人願意留下來我真的很感激，可是我還是得付他們的薪水呀。我低下頭說：「對不起，這個月真的付不出來。」結果他們跟我說：「社長你不要這麼講，我都決定跟著你了，生活費我自己會去跟地下錢莊借啦。」於是每個人各自想辦法應付生活開銷，那時候，大家大概都是靠著借錢或之前的存款硬撐下來吧。

## 要選輕鬆低收入，或是辛苦高收入？

現在我們店在福岡的料理店裡，大概是薪水最好的。我們不照年資分，而是照能力跟工作態度來決定，平均薪資應該有四十幾萬。當然裡頭也包含將來儲備幹部的薪水，不過二十幾歲還在歷練的人，我們也給了三十五萬的高薪。

其實當初我成立新公司時，我讓員工他們自己選，「你們希望公司人多一點，但薪水少一點，還是人少一點，薪水高一點？」他們說：「人少沒關係，大家多做一點就好了，但薪水要高一點。」於是我等業績安定下來後，便給他們全部加薪五萬日幣，管理階層則再往上加兩萬，總計七萬。

外面到處傳言「那家店好像快倒了」的時候，我一邊忙著善後，一邊在外面籌錢奔波，心裡也有底，萬一他們要另覓高職，我也沒辦法。可是等我從大阪回來，他們一個都沒少。

我說：「你們不走嗎？」他們反而硬氣地說：「渡邊先生，要拚下去才對吧？」我說拚當然要拚，可是公司什麼時候倒都不奇怪，搞不好明天就倒了。他們說：「有我們挺著。」於是我決定將來一定要給大家加薪才行。聽說他們好像覺得我是個怪咖，搞不好還會使出什麼有趣的招數，公司一定不會這麼快倒。

現在大家都說待在我們公司很愉快。好像只有想儘量往自己目標趨近的人才會留下來。我自己也在修業歲月裡看過不少人，我覺得沒必要讓大家都做一樣的事，每個人往自己擅長的方向去發展，努力琢磨技藝就好。

就這樣，員工留了下來，錢也籌到了，我們重新邁出腳步。

只是接下來才真的是苦日子。手邊沒錢，一向往來的業者開始不願意讓我們賒帳。這也很合情合理，要人家信任一家可能明天就會倒的公司才是為難對方，不過對方說如果我們用現金結，就願意跟我們做生意。但問題是我手上又沒錢，用現金結完後店就不用開門了，因為每天的進帳都留不下來，當然也付不出來。

## 員工的臉色都變了

到底該怎麼辦呢？我絞盡腦汁，總算讓我想出一個辦法。

第一個月，我們拚命拉升營業額，把湊出來的錢拿給往來業者當成「押金」。

比方說，每個月交易額大約兩百萬日幣的業者，就先湊兩百萬日幣給對方，交易額一百萬的地方湊一百萬。萬一之後我們營運不良，欠款就讓對方從那筆押金裡扣，採用這種方式，總計要先擠出七百萬日幣。

接著我回頭跟員工宣布，「除了應付賬款之外，還要再多賺七百萬日幣，否則下個月沒辦法經營下去。加油啦！」員工聽到每個人的臉色都變了。他們商量之後，決定依照每家店的規模去分擔各自的責任額，設定各自的目標金額。

比方說這家店「如果把目標金額除以三十天的營業日，每天要多賺三萬，再用午餐跟晚餐去計算，只要再多加一組晚上客人跟三組白天午餐的客人，就可以達成目標。」接著大家分頭去發傳單。至於那些要達到目標金額有點難度的店鋪，則靠其他分店來幫忙分攤。

現在我們在資金方面已經沒有困難了，往來業者也願意讓我們採後結方式做生意。我說我再也不想輸給金錢的力量，員工說：「要錢的時候還是要講，我們會去賺。」真是多虧了他們，我現在才能到各地去進貨與吸收新知。

## 員工與徒弟的差別

我在現在的公司裡是「師傅」。所謂師傅，是要把完全沒受過訓練的人，從零開始培育成才。這就是師傅的責任。

我有個徒弟K，入門的時候還是個什麼都不會的孩子，我先讓他跟在我身邊跑腿，一樣一樣把「料理是什麼」的道理教給他。他一天二十四小時都跟在我身邊，跟我同吃同住，我希望讓他學會我做事的方法、吸收我的精神。

就這樣過了一年半左右，我覺得這傢伙好像稍微學了點東西，這時他要求「我可不可以叫你老爹？」我說好，可是要當我的徒弟而不是當我的員工的話，就要有相當的覺悟。我這樣嚇唬他。

他說他已經有了覺悟。我說那你證明給我看。於是我每天都給他一堆工作磨練，他大概已經兩年沒休過假了。他現在才二十六歲，有我沒有的才氣，但我沒當面誇過他，怕他驕傲，可是我很期待他將來術業有成，成大器的那一天。

K從小在大阪出生長大，上頭有個姐姐跟母親，雙親已經離婚。他不想造成母親的負擔，高中一畢業就來到福岡，放棄上大學，以減輕家裡經濟壓力。

「我自己一個人也活得下去，媽，你靠著年金跟爸留下來的遺產過日子吧，我自己會想辦法。」他這麼說，並下定決心。

他不管人前人後都很認真，本質上是塊料，有一次我在工作上稍微指點他一下，他就此黏在我身邊了。「你總有一天會回大阪吧？」我問，他說對。我說：「那我得在那之前把你訓練到獨當一面才行。」這麼一說，他馬上說：「拜託你了！」

他可能誤會我要收他當徒弟了，從那一天起，總是跟在我身邊。除了K君以外，我還有好幾個徒弟，其中也有法國的廚師。我對待徒弟跟對待員工是不一樣的，但就算沒有休假，他們也沒有一句怨言。

## 希望讓日本料理更平易近人

我覺得徒弟的人數跟店鋪數量一樣就好。我們公司如果順利發展下去，有一天大概會分出去成立子公司，到時候每個徒弟各有一家剛剛好。

我有好幾個徒弟，除了K以外，其他年紀都比我大。板前的平均年齡大概是五十三歲吧，他們就算從現在努力存錢，可能還沒存夠開店的本錢就已經莎喲娜啦了。

雖然不知道他們現在有多少存款，可是考慮到吸客數，開店地點必須是在店租貴的地方。接著要把店弄成自己想要的樣子、建立常客，讓生意上軌道也需要一點時間。所以我只會幫他們把店鋪準備好，現在他們各自擔任料理長的店，到時候就讓他們全權負責，之後就靠各自的努力了。

收跟店鋪數量一樣多的徒弟，之後在日本全國各地展店，讓店鋪加盟化，這是我當下的夢想。現在日本還沒有什麼全國性的日本料理連鎖店，除了牛丼店跟烏龍麵店外。以前有一家叫做「NADA MAN／なだ万」的店試圖做過類似的事，可惜衝得太快，功敗垂成，現在被收編到朝日啤酒旗下。

目前最接近這種形態的是「吉兆」。吉兆目前在全國有二十三家店，每一家店都維持了非常一致的品質，很厲害。

我希望把花費只要大概五千塊日幣預算的日本料理店連鎖化。這個價位的門檻不會太高，客人很輕鬆就能進門。如果在全日本各都道府縣都成立一家，那麼日本民眾一定會更容易接觸到日本料理。

不過，一定要是在料理上有相當歷練的人，否則接不下這種日本料理加盟店，我自己也不敢把店交給他們。我想把店交給真的清楚什麼才是日本料理、真的做得出好菜的人，所以如果是我師傅的徒弟，也就是我的師兄弟，或者我師傅的師傅的徒弟也可以。這樣的話，一定能吸引到更多喜愛日本料理的客人，板前的身分地位也會跟著提升。

## 女性也能成為專業料理人嗎？

我很少誇獎徒弟，但也有徒弟能搏得我的讚美，「這想法很好」、「我自己都沒想到」，有時甚至還會讓我驚嘆「這傢伙就快要超越我了」。

有些年紀比我大的徒弟也叫我「老爹」，但除了我一對一栽培起來的K之外，被其他年紀比我大的人這麼叫，我還是會害臊，不過板前這一行講究的是實力，被這麼叫也沒辦法。

我有個快要三十歲的女徒弟，是「八寸」擺盤的天才。她從小生長在福岡非常鄉下的地方，聽說是「下雪就不用來上課了」那麼深山的地方。

她是十二個兄弟裡面的老么，在我們廚房時，就算肚子痛或頭痛也不會講，只是默默忍耐。有次她不舒服，我問說：「妳怎麼啦？」她說：「肚子痛。」我說：「肚子痛就吃藥啊。」可是一個家庭如果有那麼多孩子的話，不會隨隨便便就讓小孩子吃藥、看醫生，小孩子不舒服就是一直忍。聽說貓狗、大象或獅子如果生病，也會不吃東西，一直蜷曲著熬過，原來家裡如果有十二個小孩的話也會這樣，我長了點見識。不過我跟她說：「妳這樣一直忍耐對健康不好，去吃點胃腸藥吧。」結果十分鐘之後，她回來跟我說她好了。可能因為對藥物沒有抗藥性，藥效發揮得特別快吧。

她在久留米的山中長大，每天要走十四公里的路上學，這樣來回，所以從小就看慣了山裡樹木隨著季節變化，也看慣了山中眺望出去的景色，在拿捏前菜之類的擺盤時，她可以非常正確地表現出「這顏色可以」、「這顏色不適合」等，她會說：「要表現大自然的花鳥風月的話，應該會這樣。」

她現在是我們公司管八寸的老大。在一群不少是上了年紀的料理長旁邊，講到前菜、涼拌醋物，沒有人是她的對手。如果她在色彩、高低差跟透視法上用心的話，真是所向無敵。我也會看她的擺盤跟她學習，下一次就學著做。

有時候，真的贏不過這些從小在大自然中長大的人。看書學跟自己親眼看過、感受過的體會截然不同，尤其她還可以發揮女性特有的細膩。

不過如果談論到料理的王道——生魚片或燉菜時，女性就比不上了。這樣講可能會被批評為歧視，可是就生理學上而言，女性的確是有難度。生理期時，女性的味覺會改變，就像缺鋅時，味覺會異常一樣。

料理書的領域裡，女性的食譜賣得特別好，男性的食譜很少。那是因為女性掌控了家庭料理的世界，男性的料理比較偏向為興趣而做。但日本料理是一種比較接近男性料理的範疇，很遺憾地，女性沒有辦法成為真正意義上的專業料理人。

對我來講，我覺得真正的專業料理人是我太太。她不會管常識上該怎麼煮才對，她會因為「我先生比較喜歡這樣」就這樣煮，而願意這樣煮對一個人來說，便是真正的專家。能煮出我所追求的味道的，只有我太太。

## 當師傅的絕不能錯

我在現在公司裡的地位是「師傅」。前面已經說過好幾次，當師傅的只要一做錯，徒弟就會跟著走錯路，所以當師傅的絕不能輕忽大意。

我在大阪當學徒的時代，曾經從修業的地方逃跑，還好有人拉了我一把，所以我現在碰到一樣的情形時，也會開口大罵。那時候我被罵道：「我不知道你是哪個廚房的！但當板場的不要穿著白衣，走路拖拖拉拉往下看！」那是因為整個大阪都覺得「板前都是一些昂首闊步，靠著『氣勢』活著的人」。不曉得為什麼，在大阪，理髮店跟所謂「tailor」西裝店的人也都穿白衣，可能是因為黑社會比較不會找穿白衣的人麻煩吧？

大家對於自己身上這一身白衣都帶有一種自豪與自重，所以我如果看見穿著白衣走進小鋼珠店的年輕人，也會喊住他們說：「喂喂，還穿著白衣啊？換下來再去。」這是一種風氣——我不會叫你不要去，但是你要換掉那身衣服，你以為白衣是什麼？

板場的世界是師徒制，所以被罵的人也會擔心「這個人該不會認識我家老爹（師傅）吧？」所以絕不敢忤逆你。要是他老爹一氣之下把他逐出門戶，以後他就沒得混了。大家都怕被老爹發現，會趕快道歉。

大阪到現在應該還是保有這種人情味，就算不知道對方是誰，看到穿白衣的人，大家還是會很愛護。我就喜歡這一點。我在大阪時，覺得穿白衣的最厲害。幾乎每件白衣上都繡有店名，你一穿上白衣，就等於是背著店家招牌在走路，雖然不知道有沒有人在看，可是你絕對不敢品性不端，反而還會做點「小善行」，看到垃圾就撿起來，看見小孩子遇到麻煩就趕快去問需不需要幫忙。整個大阪城市就是有這種氛圍。

現在大城市裡，看見別人有麻煩也假裝不知道的人愈來愈多了，所以我都會告誡我的徒弟，絕對不能變成那種人。

## 「人格特質」是吸引徒弟的主因

板前只要一起站在廚房裡，就能知道對方的能耐，譬如說這個人很厲害、這個人的程度我根本追不上。這些事就算不說出來，心裡也有底。像這麼厲害的人，我們杉丸師傅就是箇中代表。

板前這一行，基本上是靠師徒關係成立的，基本上，徒弟不能選師傅，你一入行跟到什麼樣的師傅，你的板前生涯就已經被決定了。

我這一輩子滴酒不沾。因為我不是料理天才，喝酒會影響我的味覺，讓我無法在調味時做出正確判斷。如果我是個會邊喝酒邊工作的人，又或者我會賭博、性格偏差，我的徒弟就可憐了。他們會學到錯的味道，搞不好還會把人生看得太簡單，導致失敗。

所以**我絕對不能犯錯。講得誇張一點，我一旦犯錯，日本料理的文化就完蛋了。我就是抱持這樣的心態在節制自己。**在自己可以負責的範圍內，當然做什麼都沒關係，可是我絕不能犯錯。

杉丸師傅在大阪料理界是響叮噹的一號人物，他自己也有別的事業跟自己的店，日子過得逍遙自在，之所以會到「八光」露臉，只有一個目的，指導與培育後進。

他在工作上非常嚴格，任何方面都不允許自己馬虎隨便，這應該要說是

「人格特質」吧！總之他是個言出必行的人，所以我才會崇拜他，想成為那樣的人，也才熬得過那樣艱辛的訓練。

不過我剛遇見他那時候，杉丸師傅是不喝酒的，過了兩年左右吧，開始會偶爾小酌一番，大概是創業太辛苦了。當時他的月薪是三百萬日幣以上。我們這些底下的人幾乎沒薪水，可是我們一點也不覺得不公平，因為師傅就是一切。

師傅來到八光，其實什麼事也沒做。可是有這樣一位師傅在，大家的神經就會繃緊。一聽到「師傅明天中午好像會過來」，大家馬上開始緊張，隔天管八寸的、管砧板的、管燉鍋的，所有徒弟各端一道菜，弄成懷石套餐請他老人家品嚐。

他老人家筷子一伸，「這味道怪怪的」、「這不好吃」，我們聽到後，自己也會再進一步思考「為什麼他說不好吃？」以求進步。

我現在也是師傅他老人家當年的立場了。我也會去旗下所有店舖要他們端菜出來，雖然我實在吃不了那麼多，不過至少會夾一口，「這味道太怪了吧？」、「不搭吧？」說著跟師傅當年一樣的話。我要告訴他們正確的答案很簡單，不過我故意不教，而要他們自己想。

這世上凡事皆是依序輪流來。我現在已經能了解師傅的偉大。

## 我如今能做的「報師恩」

我十八歲拜在杉丸師傅門下時，師傅已經差不多五十歲，可是看起來一點也不像，非常年輕。他現在在大阪堺東開店，雖然都交給年輕人，可是他每天還是會說：「今天要玩點什麼呢？」好像一直都在想料理的事。他大概到死都會那樣活吧！我有一次穿著西裝去拜訪他，他說讓我看看你的手藝，把我叫進去廚房做了三小時的菜。

他活得非常自由自在，跟以前的文人、詩人一樣，是那種所謂「跟著風兒走」的人。現代人每天為了生計被工作追著跑，從早忙到晚，「這社會上有這麼一個自由份子也不錯，絕不希望他那樣的自由被人奪走」，杉丸師傅就是一個會讓人打心底這麼想、受大家喜愛的人。

可是他又一天到晚腦筋轉個不停，在料理上從不懈怠，時常都在試做新菜。我們覺得這真是嶄新、充滿現代風味啊，可是他老人家已經想到更深遠的地方了，「現在流行這種吧？可是隨波逐流就完蛋了。」他碎念著，繼續求道不輟。

師傅果然不愧是師傅，不管到什麼時候我也超越不了他。他講的話非常有深度，我時常感覺受益良多，所以才會覺得能在這樣的恩師門下受教，如果我這輩子只停留在一個板前的程度，實在沒臉見他。

吉兆的德岡邦夫先生等人為了讓和食被登錄為世界遺產，四處奔走、費盡心力，可是日本料理在那之後便沒有任何新的進展。這樣下去，我對德岡先生或杉丸師傅都深感愧咎，儘管我力量有限，我也再次決定「該做的事就要做」。

第六章

# 連日本人都不知道「日本料理有多好」

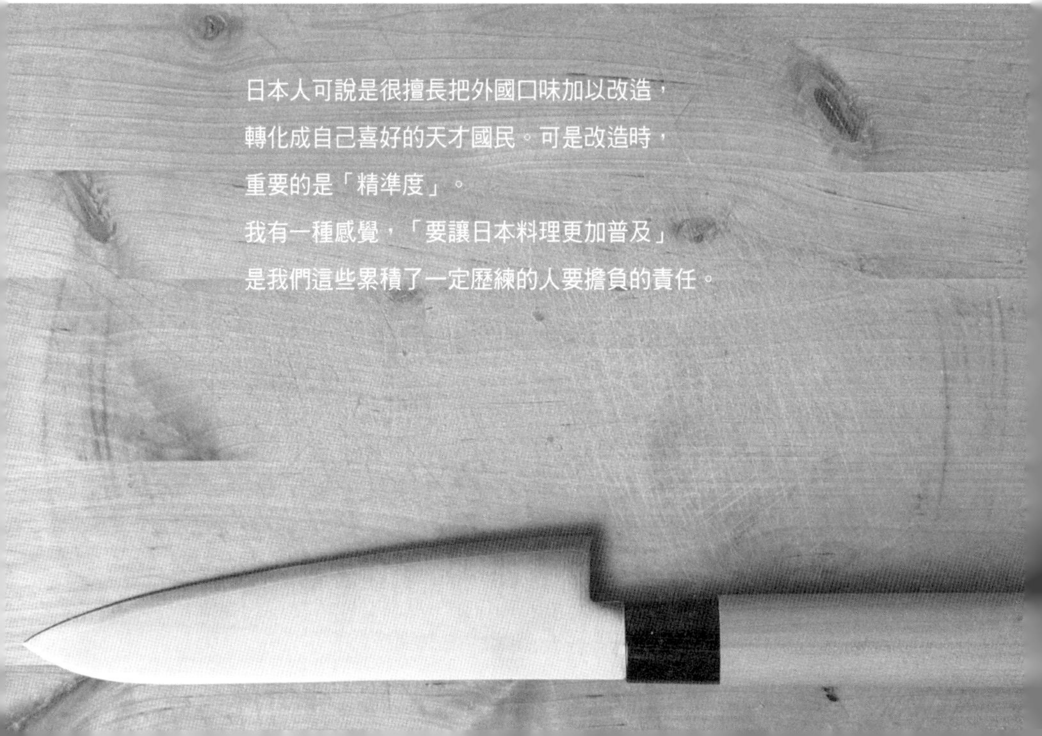

日本人可說是很擅長把外國口味加以改造，
轉化成自己喜好的天才國民。可是改造時，
重要的是「精準度」。
我有一種感覺，「要讓日本料理更加普及」
是我們這些累積了一定歷練的人要擔負的責任。

## 飲食文化是人民水準的象徵

最近這幾年，外食產業好像往「愈便宜愈好」的方向發展得太過了，每一家居酒屋都座無虛席，人多到我都想問：「客人哪，你真的只要便宜就好了嗎？」

年輕時當然無所謂，口袋不是很深，食量也比較大，可是等到了一定年紀後，總是會有想請重要之人去吃一頓好的，或想跟家人一起享用美食的時刻吧？但就是沒有能回應這種需求的日本料理店。那些讓人覺得還不錯的店，一想到荷包，多數人遲遲不敢走進去。我就是想到這點，才決定把我的店做成含飲料無限暢飲只要五千日幣的店。因為我有一種感覺，「要讓日本料理更加普及」是我們這些累積了一定歷練的人要擔負的責任。

首先，我想先讓人知道「什麼是日本料理」，所以在福岡市內發放免費招待券，「懷石料理五千日幣，一人免費，歡迎前來品嚐」，共發了七千張。

雖然是免費招待，可是很少有人會一個人到日本料理店，至少也是兩位，因此我們就能收取到其中一個人的費用。

店的營收就是從那時候開始有起色。只要吃過一次，一定會覺得果然不錯。那樣做當然也有賠錢的打算，可是我有自信，客人只要吃過一次，一定會知道我們的菜有多好吃。我在料理這條路上可是捨命走過來的，對這件事我有強大自負。

但一般所謂的和食店能像我們這麼做嗎？沒辦法吧！說得不客氣一點，那應該是因為他們的修行不夠。和食類也有很多專門店，壽司店、鰻魚店、天婦羅店等，可是說到我們這種在各種料理都符合水準的「日本料理店」，沒有幾家是讓你隨便想上門就上門的。這是事實。就連在東京，堂堂掛著「日本料理」招牌的店家現在也不過才十幾間，差不多已經到全滅絕的狀態。

西餐界裡，有專賣義大利麵的專門店、有蛋糕專賣店，無國界料理的話，咖啡店那樣的地方比較好吃。但推出套餐的餐廳，不管賣的是法國菜或義大利菜，在單品上絕對比不過專賣那個品項的店家，可是因為推出套餐的餐廳有能力做出整體表現，這樣的餐廳現在才會這麼流行。

和食界裡，賣單一品項的專門店也營運得很好，但要論價位親民、口味又地道的店家就不多了，所以既賣串燒又賣炸蝦又賣蛋包飯的居酒屋才會蔚為主流。不過近來愈來愈多的客人寧可多付一點，也想吃到真正的好滋味，所以我才思考，如果能在全日本推出具有「王道」水準的日本料理店，應該就能振興日本料理吧！

我也非常希望傳統旅館之類的地方，能夠以親民價格提供日本料理，讓民眾有更多機會接觸到，見識到日本料理的精采。不見得要跟我合作，可是至少要跟真正歷練過，對自己廚藝有信心的料理人合作，大家一起來復興日本料理。

## 職人的驕傲與商人的直覺

公司成立後終於也過了一年，現在全公司有十家店、五百個座位，員工總共有三十六名，加上兼職打工的話，共有一百三十五名。

一般餐飲業的原價率（進貨成本除以銷售價格）聽說大多在三〇%，我們公司則拉高到三十五%，因為三〇%的話做不出我們想要的品質。若要削減成本，就不能提供那麼道地的日本料理，所以我對這點很堅持。

我在日本全國各地到處找平價好食材，沖繩、北海道、築地、大阪、德島……，哪裡有好東西，我就衝過去。通常按照一般進貨方式，店家與生產者之間會有盤商，好的東西一定貴，便宜的則一定有便宜的理由。可是我們是直接跟生產者大量進貨，所以可以壓低單價。比方說鱠仔（東洋鱸，日名為アラ）這種魚，我會直接跟生產者交涉，「我跟你買一噸，一定負責用完，我們來打契約吧。」另外像臭橙（カボス，一種小柑橘，因其酸香，多用於調味），也有過「這個臭橙，我跟你買一座山的量」。儘管這麼努力，我們還是沒辦法把原價率壓低到三十五％以下，如果按照一般市場的進貨方式，恐怕就要拉高到四十三至四十四％了。

所以我對我們的品質很有信心。很多店都讓人覺得「品質一流，但價錢就……」可是我們公司是既好吃又便宜。整個公司十家店一起進貨，才能把進價壓到三十五％這個數字，但銀行給我們的臉色還是不太好看。

一般個人經營的小店如果把原價率設定在這個數字，可能還可以，可是就企業來講，這算是非常離譜的數字。像是全國連鎖店那種在中央廚房煮好，再分送到各地分店加熱的，原價率跟人事成本都可以壓低到驚人的程度。

經營料理店跟一般企業一樣，保持人事費用、變動成本跟固定成本之間的平衡非常緊要。如果多下一點功夫，把人事費與電費、水費、瓦斯費等固定成本壓低，便可以把原價率提高，為客人提供好食材。事實上，我們曾經把營業時間縮短一小時，以節省水電瓦斯等費用，還拜託供貨廠商把付款週期延後十五天，以此確保資金充足。

居酒屋做的是價格競爭，用套餐菜單跟價格去爭奪市場，可是我們是料理店，我們的原點還是在於推出好料理。

**現在我同時做著料理人跟經營者的工作，腳踩兩條船，我相信把身為職人的尊嚴與身為商人的才幹好好取得平衡，會是我今後存活的關鍵。既要守護日本料理，又要能經營下去，說起來並不容易，也是我這個經營者一年級生目前正努力面對的課題。**

## ✿日本食品的安全性

在食品安全上，日本被認為慢其他國家很多步。日本料理衰退的原因之一，也與「食品安全法」有關。

譬如施加在進口農產品上的「採後」農藥問題。採後意味著採收之後，日本禁止採收後的農產品再施加農藥，可是從美國等地進口的水果，為了避免放在倉庫或運送過程中發霉，會噴灑農藥，這些農藥有的被指出具有致癌性或致畸胎性。由美國輸入食品進日本時，比方說 A 這項農藥成分，依規定必須在〇・七 ppm 以下，B 則是不得高於〇・七 ppm，可是政府沒有規定 A 與 B 混合在一起時形成的 C 必須少於多少值。目前先進國家中唯一沒有這項規範的就是日本，所以有問題的食品不斷進來。

最具代表性的是檸檬跟香蕉，在貨櫃船裡照射了經由動物實驗證明具有致癌性的蓋普丹（Captan）後，就直接擺在超市賣。所以人家才說日本規範的速度太慢了。不知道為什麼不去規範這些，但農林水產省或厚生勞動省都沒什麼明顯的大動作。

## 要健康，就要有好食材跟好料理

我們店裡用的檸檬只用國產貨，有時候被說真挑剔，其實不是挑剔，是為所當為。身為料理人，不能把危險的食品拿給客人吃，但便宜的店就會用進口檸檬做成檸檬沙瓦，若無其事地端出去給客人喝。

現在資訊這麼發達，可是像這麼重要的消息還是流通得不夠全面。吃的人不曉得，做的人也不去了解，但餐飲費裡其實應該也包括了讓人「吃得安心、安全」的費用。

如果一個人罹癌，就會開始注意飲食安全。有了小孩，就會非常注意要給孩子吃些什麼。可是人在健康時通常毫不在意，才會去居酒屋吃東西也不覺得有什麼異樣。但等到生了病或有小孩後再來注意飲食安全，已經太晚了，我希望大家都能趁早留意這個問題。**把錢花在時尚上，買路易．威登或是香奈兒當然也很好，可是另一方面卻放任最重要的身體由裡敗壞，這樣不是很空虛嗎？健康的身體是靠好食材跟好餐飲打造起來的，我真心希望大家都能更多留意一下自己要吃進體內的東西。**

## 最應知道的日本人卻不懂「日本料理」

差不多二十年前，日本壽司界知名的「六大壽司店」，隨著迴轉壽司風行，目前關得只剩一家。同樣地，一般踏實的壽司店也面臨了經營上的難題，供過於求的壽司師傅只好到連鎖迴轉壽司店就業，這就是目前日本壽司文化的現況。

事實上，從上班族轉入餐飲行業的人，一開始最多人投入的就是壽司。只要受過一個禮拜的訓練，就可以捏出壽司來。

現在提到的壽司，主流是江戶前的握壽司。這是江戶後期的文化年間，一個叫做華屋與兵衛的人為了要讓忙碌的商人與職人能快速用餐，想出了這種可以當場捏、當場吃的餐點。以現在的感覺來說，大概有點像是站著吃的月台蕎麥麵或是點心吧。

之後又應用了日本料理技術，把海鰻、蛤蠣等煮熟後，塗上煮得收汁的濃醇醬料。烏賊、銀魚、干貝等煮好後會再下點功夫；章魚、蝦子、蝦姑則煮熟後再去調味、泡醋或者放進醬汁裡，貝類跟白肉魚則會先稍微燙過，像這樣下了各種細膩功夫，慢慢發展出了江戶前壽司。

現在做得這麼細膩的地方愈來愈少了，也有一說是食材很新鮮，就不需要用太多的調味手續，可是這麼一來，我覺得就稱不上是「江戶前壽司」了。

像銀座「久兵衛」那麼有名的店，現在依舊守護江戶前壽司的傳統作法，一道道該有的功夫都不少，可是一般迴轉壽司店擺出來的壽司，完全讓人感受不到應用了什麼傳統，講得白一點，那些只是為了要讓人填飽肚子就好。講難聽一點，那個層次的東西，根本稱不上是「料理」。

目前全世界對於日本料理都抱持濃厚興趣，可是我們日本人卻反而不懂什麼是「日本料理」，這樣下去，日本料理難挽頹勢也是理所當然。所以我希望在福岡這邊儘量多盡一點力量，多開發一些想品嚐真正日本料理的客人，讓大家知道日本料理的好。帶著這樣的心情，我們的店才會一直高掛日本料理這塊招牌，持續精進努力。

說到這，料理中有一個範疇叫做「京料理」，是由「有職料理」、「精進料理」、「懷石料理」與俗稱「番菜／おばんざい」的「町家料理」這四大項所組成。有時候走在京都街頭，會看見店家掛著「京風料理」的招牌，我總覺得奇怪，「京風料理是什麼料理？」因為有一個「風」字，可見得不是正統的京都菜。

現在和食界裡也充滿了這一類的詭譎現象，「網烤牛排」就是一例。「牛排」是把牛肉放在長二十公分以上的鐵板上，維持一定高溫均熱煎烤成，才叫做「牛排」。一般「網烤牛排」其實是「烤牛肉」。另外像「京風大阪燒」、「壽司割烹」，也是不知所云。

無論是京料理、日本料理或和食，都有其定義跟含意，做菜的人卻搞不清楚，這不是很嚴重嗎？

再舉個例子。現在通常把一樣食材最好吃的時候稱之為「旬」，可是**「旬」這個字，本來是指在各地採收、製作的進貢食物被送抵都城的時間，**

**那才叫做「旬」**。以紀州之國來說，上貢的梅干送到京都的時候，那時候就是「旬」。東海地方的話，上貢的醃菜送到京都的時候就是「旬」。九州的話會進貢海產。也就是說，「旬」並不是食材收成或捕獲之時。

當然，從前運送的時間每個地方不一樣，據說送到京都平均要兩個月左右。所以我希望大家以後用這個字的時候，要思考一下時間差的問題。一般民眾當然沒有必要知道這些，但負責做菜的板前理應要知道。

## 「旬」跟「刺身」原本是什麼意思？

順道一提，生魚片的日文字有兩種說法——「刺身」與「造身／お造り」，這兩個字是從哪裡來的呢？以前進貢東西的運送時間要兩個月，那麼運送鯛魚或比目魚的時候要怎麼辨？當時的技術不是醋漬就是鹽漬，魚泡在醋或鹽裡兩個月後，很難一眼分辨得出哪隻是鯛魚、哪隻是比目魚。

於是當時的人就在鯛魚身上刺上了鯛魚鰭、在比目魚身上刺上比目魚鰭，用這種方法來辨識，也就衍生出了「刺身」這個說法。桃山時代，大名鼎鼎的千利休定義出「造身」這個詞，他把它定義為「取魚上半部，切成一口大小生食之物」。為方便進食，大小規定成一寸，也就是三・三公分大小，容易一口吃下。

所以我們現在吃的生魚片都算是「造身」，只是在關西跟關東地區，不說「刺身」而說「造身」，但在地方城市還是說「刺身」。因為對收到貢品的人來說雖然是「造身」，可是對上貢貢品的人來說，的確是「把魚鰭刺上去」，因此是「刺身」。另外，我們會說「薄造身」，但沒有「薄刺身」這種說法。可是這些細節都沒人注意。都選擇成為板前了，從客人手中領受金錢，卻什麼也不知道，實在很丟臉。

還有像「鮪」這個字，其實是壽司店在茶杯上寫了一個魚字旁的「有」而普遍起來。這是一個借字。可是過了三十年後，它就被刊載在字典上了。「鮪」是一種眼睛很大的黑色魚類，聽說因此從「目黒／めぐろ」轉變了發音，變成「まぐろ」。因此要寫漢字的話，搞不好目黒這個字反而比較正確。還有一個說法是，鮪魚一拿出來放在常溫下就會很快變黑，因此從「まっくろ（真っ黒）↓まくろ↓まぐろ」。

我並不是要炫耀知識，只是身為板前必須要求知。「料理學」這門學問，只要深入學下去，當然就會接觸到分子料理，也會學到營養學。不具備專業知識與專業技術的人，不配收取高額費用。

我並不是想講些很了不起的話，可是一個板前在收受客人費用的同時，是不是願意吸收一個料理人應當知道的「常識」，這就左右了一個板前的優劣。這是我的看法。

## 喜事要奇數，喪事要偶數

阻礙日本料理振興的要因之一，可能也包含了「藥事法」。提起「藥膳料理」，大家的印象是這是立足於中醫理論上，以漢方食材所做成對健康有益的料理。可是日本料理也是奠定在陰陽五行理論上，「以促進身體健康為目的的料理」，只是受限於藥事法規範，不得宣揚食材與料理方式所能帶來的效果。我們也想說明「這東西這樣吃的話對肝臟很好」，可是這樣會違法，所以反而不能宣揚食材的效能。

說到這，陰陽五行說還衍生出「八卦四柱推命」。古代日本邪馬台國的女王卑彌呼是個薩滿，也就是所謂的巫師。傳說她會視龜甲弄碎的情況來占卜，如果出現奇數，則會豐收，出現偶數則是不祥之兆，於是日本除了氣候風土之外，又加上了「吉凶之數」。奇數屬吉，偶數寓凶，料理界一直遵守著這樣的作法。

下次你去外頭用餐時，不妨觀察一下店家怎麼做。出生魚片時一定是奇數，三貫或五貫。可是現在有些居酒屋會出偶數，我看了覺得很憤慨，但做菜的人也不是故意的，他們只是不知道關於日本料理的正確作法而已。

最吉利的數字是「七五三」，奇數。傳統婚禮上的「三三九度」習俗也是，用大中小三個酒杯，各喝三巡。婚禮上一定是出三貫、兩貫，共五貫。相反地，不能慶賀的喪禮時則出兩貫、兩貫，偶數。

那為什麼明明不是哀悼的場合，有些店家卻出偶數貫呢？這是因為現今全國居酒屋都在努力削減經費。一開始是做大眾生意的壽司店覺得單只一貫賺不了錢，開始出兩貫，就這樣起了頭。接著這種作法在壽司店蔚為常態，居酒屋也跟著有樣學樣，到了現在就沒有人覺得這有什麼奇怪了。吃的人跟做的人都不曉得隱含在奇數貫裡的含意，於是很快蔚為常態。這種「無知」

一件件累積下來，便把文化瓦解了。

## 料理人連拿筷子都不一樣

如果你有機會坐在小料理店的吧台前吃飯，不妨觀察一下板前是怎麼拿筷子的，你一定會發現他們挾菜擺盤時，筷子拿法跟一般人不一樣。好的料理人為了避免小指頭觸碰到菜餚，一定會把手稍微抬高，維持小指頭能自由活動的姿勢。我以前修業時待過的店都只能利用筷子跟刀去擺菜，絕不能用手。現在不曉得這些的料理人愈來愈多了。

當然，並不是什麼事都要維持舊規矩，現在社會上普遍接受的菜，原本就是把日本菜跟外國菜色融合在一起、改造成適合我們日本人口味的菜餚。不管好不好，這些菜餚在時代之中逐漸被淘汰，留下來的就是我們現在所謂的「和食」，包括我先前介紹過的天婦羅與豬排、餃子、拉麵、饅頭、拿坡里義大利麵等。就像這樣，日本人可說是很擅長把新口味、外國口味加以改造，轉化成自己喜好的天才國民。

可是改造時，重要的是「精準度」。經過時代考驗過後還能留下來的就值得被評價。但現今是不管好壞，一個勁地破壞傳統，讓人覺得這好像離日本料理美好的本質愈行愈遠了，逐漸往反方向走。

雖然也可以稱這股風潮為「新日本」，可是現今的作法，豈止是無視先人培養起來的傳統，有時甚至感覺是在踐踏。

## 高麗橋吉兆、嵐山吉兆、東京吉兆

我很有幸在吉兆修業。這一行裡看來看去，真正在吉兆好好歷練過後再出來一展長才的人居然很少。

為什麼呢？因為真正從吉兆「畢業」的人少之又少。有些人會說：「我也是吉兆出來的。」可是再仔細一問，才發現對方其實只在吉兆待了沒幾年。真的從本質上承繼了吉兆傳統的，只有三處：高麗橋吉兆、嵐山吉兆、東京吉兆。

九州這裡也沒有從吉兆畢業的人。大分縣日田的天瀨溫泉有家「天水」，那兒的料理人雖然不是從吉兆出身，但承繼了吉兆傳統，料理做得非常實在。

東京則有很多吉兆出來的人，畢竟東京吉兆是政界、財經界人士光臨的重地，在培育板前方面也很有系統。

嵐山吉兆有一段時間在經營上不是很順利，但在湯木貞一先生的孫子德岡邦夫先生擔任社長兼總料理長後，經營重上軌道。至於高麗橋吉兆，目前則是由長男經營。

雖然我力量微薄，但我的責任便是把吉兆的傳統與文化傳遞出去。我想培育徒弟，讓他們開枝散葉，在各自的土地上將日本料理發揚光大，現在我將我全部精力灌注在這個目標上。

很多事情不能不去想、不能不去看。我現在正是連一刻也不能浪費的時候。我希望把任何東西都轉化為自己的「養分」，所以我想親眼去看那些藝術品與藏品，用這雙眼睛把它們看進自己的心底。我現在也會到處看看與料理有關的書畫作品與文獻，把自己感受到的拿來反思。

## 廚刀是板前的「命」

在第四章，我介紹過吉兆的廚房裡全是一些「怪咖」。但有一個領域我絕對不會輸他們，可能還應該說是那個領域的專家，那就是「廚刀道」。我在廚刀方面，至今依然有絕對的自信。

**廚刀是板前的「命」。板前要能自由自在使用廚刀，往料理的世界勇往挑戰。刀跟命一樣重要**，所以每天都得磨刀、保養，可是要磨到連自己也滿意的程度其實並不容易。

不過我每年還是有大概兩次機會，可以磨到連自己也覺得應該是一百分了。那種時候，溫度、濕度、磨刀石等所有一切條件全都恰到好處，刀子的心情好，我也會開心得不得了，環顧四周，到處找有沒有東西可以切。雞呀、牛呀、豬也好、魚也罷，只要是食材，我統統都拿來切，切完還是一直渴望再找點什麼來切，所以我也不能笑吉兆那位管油鍋的前輩。

礦物會自己散發能量，所以女性朋友戴上大顆鑽石的時候，整個人氣場都不同了，就是人跟那能量產生了共鳴。

日本廚刀的原料「玉鋼」產地位於富山、備前（岡山）與長野，因為產量是固定，就由日本刀與廚刀來分配。

我聽鍛造刀具的專家說，日本廚刀切起來一點也不輸給當今手術用的鉬釩鋼做成的手術刀，甚至會順手到讓人陶醉。一般五金行賣的那種廚刀當然與這種等級是天差地遠。這種等級的廚刀是以前戰國時代專門做刀的地方，改行做廚刀之後所生產的產品，在日本有四家：「關」、「淀」、「有次」、「正本」。新撰組（日本幕末時期一個親幕府的武裝集團）近藤勇用的那把名刀「虎徹」便是有次的作品。由於承襲了日本刀作法，重心跟一般廚刀不一樣。

我現在也在一個屬於廚刀道「四草流」流派底下的「大草流」裡當理事。真的努力鑽研廚刀之道的人，都可以跟廚刀講話。**物質會發出能量，叫做「波動」，廚刀所散發出來的波動，可以透過太陽光與月光的反射，用以判斷「廚**

**刀心情」好不好。至於螢光燈，廚刀完全沒反應。**

廚刀與廚刀之間對不對盤也很重要。我曾經遇過前年買的廚刀跟十年前買的廚刀互看不順眼，結果昨天明明還很鋒利的刀子，今天忽然鈍得不得了，因為波動亂了。拿到水下洗時也會馬上知道。這時我會反省，趕緊靜下心來用心磨刀，努力想辦法讓廚刀心情好一點。

看起來一樣的廚刀，其實性格也有微妙差異，我家「長女」是有次的刀子，是位女子，以滑柔的肌理為特徵，但只要一不仔細保養，馬上就鈍了。東京正本那把是男的，不管南瓜還是什麼全都一刀就斷，不過也因此很傷刀刃。

所以我每次一買了新刀，一定會把長女有次跟新買來的刀子放在一起，中間擺杯酒，說道「請你們兩位相處一晚」，進行這種「對刃儀式」。然後隔天就可以從水的波動中解讀出它們兩位是否變成兄弟姊妹。

## 從波動中判斷廚刀心情

現在我光是切生魚片用的柳刃刀（外型如柳葉般直長，鋒利便於片魚），愛用的就有三把。

分別是「長女」、「次女」與「三女」。長女「有次」如果不化妝就帶它出去，心情會欠佳。所謂的化妝，就是日常保養。這刀我已經用二十多年了，跟夫妻一樣，不需要說話也能察知對方心意。一拿起刀的瞬間，波動一傳來，我馬上就知道「啊，它今天心情不錯」。心情不好的時候，我就改用次女，可是一直用次女的話，長女心情更不好，我還得講兩句好聽的安撫它，「懷石的主將一定是你呀」。

長女是把情緒安定的刀，次女也很認真工作，唯獨三女，目前正處於叛逆期，看情況還得再等一陣子才能讓它上場。

所謂「心情不好」，大概是跟我的腦波沒有同步吧。當波動不協調時，做一道菜還得換好幾把刀。廚刀也有它們的「面子」，很彆拗的，超乎想像。我磨完刀後會打開水龍頭，把廚刀放在水下，看水流散的樣子來判斷廚刀的心情好壞。昨晚還好好地描繪出流順水波的刀，今天拿到水下突然噴濺四散。「哇，這刀子氣噗噗呀」，這時我就會趕緊重新保養，再度拿去磨刀。

「下一道是生魚片」、「它的心情還是很差耶」，這種情況只好麻煩我徒弟代勞。「你那個心情很好啊」、「昨天還很差咧」，這樣的對話時常出現在廚房裡，旁人聽了如果覺得我們腦袋壞了也很正常。

不只我的長女、次女與三女這些廚刀，日本人認為包括礦物與樹木、山與雲，所有存在於我們身旁的世間萬物都有神祇，這種思想正是日本人的傑出之處。火的旁邊有荒神、水的旁邊則是水神，不得輕慢，一下子把滾燙的熱水倒進廚房水槽裡時會被提醒「小心水神生氣」，火開了不關也會被訓斥

「荒神會生氣」。

## 日本料理中有神明

日本國歌〈君之代〉裡的「君」發音為「きみ／kimi」，「き／ki」是取自日本神話中伊奘諾尊（いざなき）的「き」，代表伊奘諾尊的性命，「み／mi」則取自另一位神祇伊奘冉尊（いざなみ）的「み」，意味伊奘冉尊的性命，這兩位都是開天闢地的神祇。歌詞中唱著「祝君千代千千代」度過未來永劫，「細石成巨岩」。

從地質學來看，太平洋版塊裡所夾帶的細碎砂粒不斷摩擦，經過幾千年、幾萬年單位的漫長時光後，細砂變成岩石。那歌詞所唱的，就是祝君在經過這麼漫長的歲月後依然福祿安泰，這裡所提到的「岩」就是「鋼」。

人民穿著傳統白色和服，將經歷了幾萬、幾十萬年後才在這塊大地上形成的物質拿來虔心鍛造，打造出了所謂的「玉鋼」鍛製而成的日本刀與廚刀，在意義上而言，這跟瑞典鋼或鉬釩鋼所做成的刀子完全不一樣。日本板前在傳承日本料理這項日本傳統文化時，潛心一意的態度也跟穿著白和服打造刀物的鍛造師幾乎一樣，不，甚至根本不輸他們，所以我認為，日本料理中絕對有神明。

我們板場在其中發現了神，為了將自己的精神與心念反映在上頭而使用廚刀。

大家總說「用刀切」，而「切」這個動詞代表分割。**把原本連在一起的東西分割開來，所以下刀的時候，應該從哪邊切呢？「為什麼是這個地方？」、「要這麼切嗎？」思考這些事情非常重要。**所以如此來看，廚刀之道搞不好也可以算入分子料理的一個領域。

要做出真正的料理，就必須要知道與料理有關的所有一切歷史、考古學、天文學、營養學等，為什麼要在這時候開火？為什麼這裡要用檸檬？為什麼這時候要加醬油？料理的所有一切都有其道理存在。

就算是烏龍麵店的師傅或咖啡館老闆，只要是從客人那兒收取了費用，我希望他們都能不斷思考「料理是什麼？」，這才是把料理提升到更美味層次的作法，也是讓客人歡喜的秘訣，不是嗎？

## 別被米其林星星騙了！

先前我提到米其林的時候，說過日本是全世界拿下最多星星的國家。這也很理所當然，畢竟日本料理那麼纖細的背景中，存在著日本的四季、因應而生的風土、肌膚感受到的四季流轉與色彩感知。

日本人是非常細膩的民族，擁有獨特文化，在料理方面也建立出了獨特的「高湯文化」。高湯是把屬於魚類的麩胺酸、肉類的肌苷酸、香菇與松茸類裡的鳥苷酸這三類胺基酸巧妙進行搭配與調味。由於這些胺基酸易溶解，很容易便能讓湯頭裡帶上胺基酸。

你應該有過感覺食物味道在口中「化開來」的經驗吧，那就是高湯文化的厲害之處。擁有這種纖細特質，拿下米其林星星是再自然不過。要論「鮮味」的體會，沒人能贏得過日本人。

法國人現在也學著把這方面的優點融入自己的料理中。相反地，在日本，日本料理卻處於衰退敗勢。我擔心搞不好再過個十年，日本人就要輸給法國人了。法國人虛心學習的態度很值得我們尊敬。

只是在對方的國家裡，不管蕎麥麵或大阪燒也統統被納為「日本料理」，從日本人的眼光來看會覺得很詭異。一流料亭與烏龍麵店、拉麵店被擺在同一個戰場上、同樣給一顆星，這實在叫人無法接受。

日本人應該要培養把事情想得深入一點的習慣，什麼事情都不想得透徹一點，只覺得「這家拿了米其林一星」就是很厲害。「不用自己的頭腦想」、「易被人影響」都是問題。多數人沒有那種頭腦、經驗跟舌頭，可以在吃了「米其林」後判斷出到底好不好吃，只是看到「米其林」這名號就被騙了，否則怎麼會有那麼多拿下米其林星星的名店最後還是關門大吉呢？

「排隊名店」也是一樣，只是把自己覺得好不好吃的基準委由別人決定。這種情況不只發生在料理界。**自己必需決定的、必需守護的、必需流傳給後代的，大家對於這些事情都欠缺自主思考與判斷的能力。**

附帶一提，吉兆所有的店都拿下米其林三顆星。我看到結果時，覺得米其林也還算識貨嘛。依米其林的評判標準，只靠口味的話只能拿下一顆星，要口味好再加上硬體細節皆有水準，才能拿到兩顆星，而要拿下三顆星，則必須再加上高水準的服務。

所以一家店光靠烹調口味來決勝負時，要爭的是一顆星，但這也會被米其林密探的個人感知所左右。以福岡來說，有一次評審主題是活魷魚生魚片，聽說密探跑到各家提供知名「佐賀縣呼子魷魚」生魚片的店家，那天剛好有進魷魚的店就拿下星星，那天沒貨，可是前一天有進魷魚的店卻落榜了。後來我分別跑去兩家店吃看看，覺得沒有星星的店明顯好吃很多。米其林大概是沒把流通情況與店舖型態也加入考量，讓外行密探去吃才會吃出那種結果吧？

料理是文化的結晶，本來就應該要派真正了解那個文化的人，至少花一兩個月時間好好品嚐慎選，這樣我就能接受。光憑一次的光顧經驗就決定要不要給星星，這種評選方式讓我難以信任，但日本人還覺得好厲害，真是有問題。

## 至少該吃一次的「推薦清單」

我每次出差時，都會到處考查當地的料理店，吃看看跟自家的菜相比如何，較量一番。前幾天我到大阪兩天，吃了二十家店，一勝十九敗。我是因為擔心自己拚命到「連自己都害怕」的同時又變得目中無人，而開始這種私下較量，沒想到居然慘敗。

所以就讓我懷抱敬意，為大家介紹幾家名店。

「吉兆」沒有人介紹的話，連預約都不能預約，現在德岡邦夫先生在京都擔任「嵐山吉兆」的總料理長，他父親目前於京都祇園四條通與大和大路的交叉口開了一家「HANA吉兆」，那裡不需要介紹也能進去。

大阪的話，「高麗橋吉兆」在難波的大阪高島屋百貨七樓開了分店，有本店的主要板前坐鎮負責，本店的料理長每週也會去三次左右，無論是味道或品質都讓人覺得值那個價錢。

前幾天我去時，看到燉菜的盤子，覺得似曾相識，結果是尾形乾山的「仿作」（陶人向偉大陶藝師致敬的模仿作品）。製作得非常之精巧，有著真品的那份優雅美感，讓我覺得自己好像真的用乾山的作品在吃飯一樣。

吉兆收了許多名品餐具，隨便一個都是文化財等級，至於國寶等級的，那更是價值不菲，甚至還有一個全球僅只四只的天目茶碗，叫做「油滴天目」，那黑魆幽深得彷彿要把人吸進去一樣，一看見，就什麼都忘了。其他還有很多織部燒的名品。

東京料理界的好手之多，讓人忍不住會覺得真不愧是東京。比方說六本木的「龍吟」，主廚出身自傳承了吉兆文化的德島「青柳」，我敢掛保證絕對是東京第一。

料理好不在話下，老闆的人品更是傑出，非常認真，我有很多要跟他看齊的。每次去龍吟，我都深深感受到自己的不足。

價位的話，午餐差不多一萬日幣左右，晚餐大概三萬日幣等級。跟吉兆相比，非常親民，而且就算開價十萬日幣，我也要去。吉兆只用從江戶時代流傳下來的食材，龍吟這方面就比較自由，可以讓人享受到「哇」一聲出乎意料的發想。店面大小控制在一個人可以徹底管理好的範圍，不大，但也容易預約。

龍吟被喻為是日本採用分子料理手法的第一名店，在食材「分解」與「組合」上的卓越境地，真是天下無敵。前些日子有道菜就讓我很感動，是「烤香草秋刀魚」。

秋刀魚先片成三片，灑少許鹽，裡頭塗上拌了秋刀魚內臟的香草料，接著把松茸、香味野菜跟山藥用秋刀魚片捲起來，捲時另外加入三種生藥，然後快速放在杉板上燻製極短時間，沾上杉板香氣，接著把臭橙汁泡打一下搭配著吃。一入口後，各種完美融合的滋味與香氣馬上渲染開來，讓我忍不住輕嘆「這菜真厲害」。

因為烤炙時溫度不達一百度，嚐起來非常多汁，精采得讓我懷疑全日本到底有幾個人能做出這道菜？或者說，吃這道菜的人，到底有多少人真正懂它的好？

我想他如果代表日本去參加全球廚藝比賽，應該不會輸。法國人不是對手，義大利人更不用考慮，中國人的話可能要當心一點，但應該也有十足勝算。所以如果有機會，絕對要前往一嚐。

築地的「築地田村」也是從吉兆出身，老闆是我的前輩。同門師兄到底如何成長、如何開創局面，我總是會去看看，向那位可以說是擔負了目前日本料理大任的老闆看齊。

東京以外的地方也有不少好店。

名古屋的「加瀨」由原店長的弟子繼承，這裡也是吉兆出身，加瀨應該算是吉兆在名古屋的代表吧。

我也要成為福岡代表，不然實在無法抬頭挺胸，都不知道自己到底為什麼要進吉兆歷練了。我期許自己以加瀨為目標，繃緊神經，努力精進。

## 願成為日本與中國的橋樑

因為生意關係，我有機會去中國，有一次去中國演講，主題是「日本料理與中華料理」。

我說過，日本料理是從陰陽五行說發展而來，而陰陽五行說原本誕生自中國，包括「四柱推命占卜」、「十干十二支」的干支也都是從中國傳來。

中國有句話說：「蓬萊山在東海中……」，蓬萊山為神仙居住的地方，有一說是指日本。

日本料理中有項叫做「蓬島」的料理法，吉兆的菜色裡也有這一道。可是日本料理界裡很多人不知道這件事，反而是中國人知道。相反地，日本人也知道很多連中國人自己都不知道的事。大家聊起這現象時，對方說：「你出本書吧。」

可是我實在太忙，寫書又得查很多資料，不能隨便答應。但日本料理能發展到今天，的確有一部分得感謝中國，我也有應該要報恩的心情。

但我目前終究還是個經營者，公司才剛成立不久，讓公司上軌道並且交棒給下一個人之前，我恐怕沒有多餘心思去做這件事。不過總有一天我想做。這也是我之所以打算再做十年就退休的原因。

## 中華料理還藏著許多可能性

依我所見，中國不是「單一國家」。北京跟上海就是不同國度了，食物跟文化各自不同，還有許多民族，各種語言，把這麼多元而繁雜的文化吸收融合、去蕪存菁後，便成就了中華料理。中華料理以四千年歷史為豪，如今在世界各地廣受歡迎。可是要我來說，我覺得先別管以前的四千年如何，今後中華料理該怎麼發展，目前仍看不到願景。

所以我把中華料理與日本料理互相對照，把中國人他們自己也沒注意到的料理進化過程與深意盡可能地教導給他們。雖然還不到「溫故知新」，但至少要好好了解歷史，否則踏出下一步時無法做出正確選擇。

說起來，中華料理到底是什麼樣的菜？「中華料理」四個字講起來很簡單，定義起來卻很籠統。中華料理底下有山東料理、江蘇料理、浙江料理、安徽料理、福建料理、廣東料理、湖南料理、四川料理這「八大派別」，而集各大派優點而成的，便是北京料理。

可是這些派別並沒有統合，大家只是各自發展。我這麼說可能會太誇張了，可是中華料理可以說並沒有一個統一的中心思想。再這樣下去，應該不會有更進一步的發展了。中華料理「便宜又好吃」，在全世界到處受歡迎，可是就我來講，我覺得只能算是「B級」美食，因為它們沒有好好整理出一套完善的傳統與文化。

## 正因為是日本料理人才辦得到

源自陰陽五行說這件事，不管是日本料理或中華料理都一樣，但中華料理在料理技法、色彩與味道上都比日本料理少。日本有四季的季節感，有「五法五味五色」，而「鮮味」只有日本才有。中華料理只有「四法四味四色」，每一項都比日本料理少了一樣。

再加上少子化政策，後繼人才不足，如今很多中華料理都失傳了，因此今後發展中華料理時，一定要藉由文獻等資料把這些料理重新找回來。

很多人以為只有日本料理才有生吃魚類的作法，其實以前中華料理也有。吃魚這件事，在日本也一樣，叫做「鱠」。不管是煎魚、炸魚、生魚片都好，只要是吃魚，以前都叫做「鱠」。但現在的中國料理人，對於生魚料理幾乎一無所悉。

中國八大料理之中，傳進日本料理的是福建料理。福建料理中有項精進料理傳到日本，發展成普茶料理這個派別。

廣東料理與日本料理也很相近，口味強，所以一吃就覺得好吃。另外也常用牛肉，這是從絲路傳過來，之後又傳來日本。不過也有很多料理技法都已經失傳。如果把這些料理技法找回來，廣東料理就會變得跟日本料理很相近，搞不好連中國人自己也會驚訝居然有這種菜吧。

像這樣把料理推廣出去，福建推廣福建的、廣東推廣廣東，在四川推廣、在北京推廣，大家各自努力提升手藝，把料理經營得更上一層樓，既可以賺到錢，也會吸引更多客人。

既然日本料理風靡了全球，只要把日本料理再推廣回福建不就好了？或像日本料理一樣，發展出少人數的、只有一兩個人也可以輕鬆享用的餐點。想要讓中華料理在一流大飯店裡也能躍為檯面要角，就要能提供讓一兩個人也能愜意上門光顧，而且高水準的料理。像這樣的思考方式，只要跟日本料理學就好了。

出於這樣的想法，我已經在為去中國推廣的事情做準備了。

後記

# 讓正統的日本料理重新復活

## ✿從洄游魚觀點出發的板前人生論

有一種魚叫做「洄游魚」。竹莢魚、鯖魚、鮪魚都是這一類，必須一直游動。我覺得我自己是鮪魚，但員工覺得我是鯊魚，因為「雖然都是洄游魚，但你什麼都馬上吞下，所以你是鯊魚」。

也許吧。至少我的人生從來都不像永遠待在同一個地點的石鯛或石狗公。從這方面來說，這本書是我這條洄游魚所見到的料理界現況，也是板前道的剖析。

我雖然自信滿滿說，自己現在是擁有十家日本料理店的老闆，可是我以前也吃了不少苦，加上並非生來富裕，也不是才華出眾，這樣的人想成功，只能在什麼事情上「賭一把」。

那個「什麼事情」是什麼呢……？

讀者是否也從書裡看出了一點眉目？

很遺憾地是，目前日本的板前社會地位非常低，被人認為是底層人在做的工作。美髮師也一樣。所以我平常不時開玩笑說我要出來參選，拜託全國的美髮師跟板前都要投票給我，因為要有人出來提高美髮師與板前的社會地位了。

很多板前與美髮師都很努力，覺得在擁有自己的店面之前，就是一直熬，可是**其實大好機會來臨時，很多人卻往往沒留意。其實轉頭四處看看，到處都是資訊，沒注意到，多半是因為沒有打開警覺的雷達。**

要是本書能成為讀者的這種「雷達」之一，我就很開心了。讀了書後，覺得「對，我也要來試看看！」的讀者如果愈來愈多，這本書付梓便不失意義。

## 守護日本料理傳統文化

其實我現在正在籌劃一個「秘密計畫」。由於還在計畫階段，不能公開細節，不過是個能讓全世界的人過得幸福的事業。

我打算用這個事業來籌備資金，目的是要「對錢報仇」。我們再怎麼感嘆其他業界亂入外食產業也沒用，跟全國連鎖業者相比，日本料理店不過是螳臂當車一樣的存在，營業額根本沒法比。

可是只要這個事業能進行順利，賺得豐厚資金，我就可以把這資金投入活化日本料理界的活動中，這麼一來，日本外食產業即將迎來完全不同的局面……我如此期待。

這事業一旦成功，將會帶來以「億」為單位的報酬，這些錢就可以用來發展日本料理。比方說如果有料亭快倒了，我就可以借錢給他們。我不求經濟上的回收，我只看一件事，就是對方有沒有守護日本料理這項傳統文化的心。

還有，我要用這筆錢，在全國各都道府縣全都至少開一家讓人可以用親民價格享受日本料理的店。我不是只考慮到自己的事業發展，我還想把有志於追求正統日本料理的年輕人集結起來，給他們一個實在的薪資保證，培育這些將來要擔負起日本料理重責大任的年輕人才，把我的暖簾分給他們。

我也要籌辦學校。讓年輕人來學習、吸收相關知識、磨練好廚藝後，開枝散葉到全國各地去，扛起各地廚房，或者自己獨立出去開店，這樣的話，正統的日本料理一定能夠復活。

## 賭上料理人的尊嚴

現今日本沒有這種系統，因為沒有資金。說起來，其實日本料理界現在的情況就是「屈服在金錢的威力之下」。只是埋首認份開著日本料理店的話，不可能賺到多大筆資金，畢竟現在營業額節節滑落，進價節節攀升，稅金也不可小覷。

所以只能把心一橫，展開新事業賺錢。為了把被其他行業的人搞得一團亂的餐飲業拉回正軌，讓日本料理回到應得的地位，需要資金。

我原本是個料理店的孩子，從小就開始廚藝訓練，說起來，也不過就是個「板前」而已。像我這樣一個料理人，說什麼在這社會上都沒有人要聽，想讓別人聽我講話，我就必須籌到龐大資金，把自己所想要的世界打造出來才行。

投入豐裕的資金，保護日本傳統飲食文化。這正是我目前追求的「目標」。

最後，我想報告一下，我的公司名字叫做「春義」。這名字源自我父母親的名字，從中各取一字而來，「春」來自於我母親，因為我家跟大部分人家一樣，母親比較強韌，所以把「春」字放在前面。我想在這裡表達對於他們培養我成為一個料理人的感謝。

本書在刊行上受到了福田純子老師、安部毅一先生許多幫助，謹在此表達感謝之情。

平成三〇年春

渡邊康博

有方之度 007

板場的志氣
——————日本料理大師的熱血職人修煉與料理思考

**作者** 渡邊康博｜**譯者** 蘇文淑｜**社長** 余宜芳｜**副總編輯** 李宜芬｜**企劃經理** 林貞嫻｜**封面設計** 兒日設計｜**內頁排版** 薛美惠｜**出版者** 有方文化有限公司／23445 新北市永和區永和路 1 段 156 號 11 樓之 2 **電話**—(02)2366-0845 **傳真**—(02)2366-1623｜**總經銷** 時報文化出版企業股份有限公司／33343 桃園市龜山區萬壽路 2 段 351 號 **電話**—(02)2306-6842｜**印製** 中原造像股份有限公司——初版一刷 2019 年 7 月 5 日｜**定價** 新台幣 300 元｜


NIHONRYOURI WA NAZE SEKAI DE ICHIBAN NANOKA
By Yasuhiro Watanabe

First published in Japan by ASA Publishing Co., LTD., Tokyo
This Complex Chinese edition is published by arrangement with ASA Publishing Co., LTD., Tokyo in care of Tuttle-Mori Agency, Inc., Tokyo through Future View Technology Ltd., Taipei.


ISBN：978-986-96918-9-5

板場的志氣：日本料理大師的熱血職人修煉與料理思考 / 渡邊康博著；蘇文淑譯
-- 初版 . -- 新北市：有方文化，2019.07.
面； 公分 . -- (有方之度；7)

ISBN 978-986-96918-9-5( 平裝 )

1. 食譜 2. 烹飪 3. 日本

427.131 108009173